Tasty Food
食在好吃

爱健康｜爱生活

凤凰含章
Phoenix-HanZhang

Tasty Food

食在好吃

聪明宝宝
营养餐
一本就够

甘智荣 主编

江苏凤凰科学技术出版社　凤凰含章

图书在版编目（CIP）数据

聪明宝宝营养餐一本就够 / 甘智荣主编 . -- 南京：
江苏凤凰科学技术出版社，2015.7
（食在好吃系列）
ISBN 978-7-5537-4242-7

Ⅰ . ①聪… Ⅱ . ①甘… Ⅲ . ①婴幼儿 – 保健 – 食谱
Ⅳ . ① TS972.162

中国版本图书馆 CIP 数据核字 (2015) 第 049090 号

聪明宝宝营养餐一本就够

主　　　编	甘智荣
责 任 编 辑	张远文　　葛　昀
责 任 监 制	曹叶平　　周雅婷

出 版 发 行	凤凰出版传媒股份有限公司
	江苏凤凰科学技术出版社
出版社地址	南京市湖南路 1 号 A 楼，邮编：210009
出版社网址	http://www.pspress.cn
经　　　销	凤凰出版传媒股份有限公司
印　　　刷	北京旭丰源印刷技术有限公司

开　　　本	718mm × 1000mm　1/16
印　　　张	10
插　　　页	4
字　　　数	250千字
版　　　次	2015年7月第1版
印　　　次	2015年7月第1次印刷

标 准 书 号	ISBN 978-7-5537-4242-7
定　　　价	29.80元

图书如有印装质量问题，可随时向我社出版科调换。

前言 Preface

　　宝宝身体健康、聪明伶俐是所有父母的心愿。婴幼儿时期是宝宝身体发育的关键时期，也是其智力发育和免疫机制建立的关键时期。这一时期，给宝宝补充好各种营养对他们的生长发育以及体质都非常重要。如果没能及时给宝宝补充其生长发育所需的营养素，或其身体吸收了过多无益于健康的元素，不仅会影响宝宝的生长发育，还会因为失去补充营养的最佳时期而影响宝宝以后的健康。

　　主张 6 个月以上的宝宝就可以在母乳之外，适当地添加辅食了。通过食物对宝宝进行调补，既安全又健康，因为食物中蕴含着人体所需要的所有营养成分。并且，在科学发达的今天，我们也更容易了解食材中所含的营养素，从而可以更有针对性地选择食物来帮助宝宝调补身体。

　　那么，哪些食物是适合宝宝食用的呢？本书根据宝宝生长发育不同阶段的特点，分别介绍了不同时期最适合宝宝吃的各种健康又美味的菜肴。

　　本书将宝宝分为 5 个阶段，即 4～6 个月、7～9 个月、10～12 个月、13～18 个月、19～36 个月。在每一阶段，本书都根据宝宝的生长发育特点介绍了相应的美味食物，并详细介绍了材料、做法，让爸爸妈妈们轻轻松松就能够为宝宝做出一道道健康美味的菜肴。同时，大部分食谱还特别列举了专家点评，目的是让爸爸妈妈们能够更清楚本道菜的特点，从而更有针对性地为宝宝选择食物。此外，本书介绍的每一道菜例都配有精美的高清大图，图文并茂、阅读舒适。

　　本书还详细阐述了宝宝成长所需的十大营养素，即碳水化合物、蛋白质、膳食纤维、维生素 A、维生素 B_1、维生素 C、维生素 E、钙、铁、锌，目的是让爸爸妈妈对宝宝所需的主要营养素有一个全面的了解。

　　衷心希望本书能对爸爸妈妈们有所帮助，愿爸爸妈妈们都能养育出健康、聪明、活泼、可爱的宝宝。

目录 Contents

婴幼儿成长所需的
十大营养素

第一章
4～6个月
宝宝这样吃

第五章
19～36个月宝宝这样吃

婴幼儿成长所需的十大营养素

一、碳水化合物

1. 作用

碳水化合物能提供婴幼儿身体正常活动所需的大部分能量，起到保持体温、促进新陈代谢、驱动肢体运动、维持大脑及神经系统正常功能的作用。特别是其大脑的活动，完全靠血液中的碳水化合物氧化后产生的能量来支持。除此之外，碳水化合物中还含有一种不被消化的纤维，有吸水和吸脂的作用，有助于婴幼儿大便畅通。

2. 食物来源

碳水化合物的主要食物来源有谷类、水果、蔬菜等。谷类有水稻、小麦、玉米、大麦、燕麦、高粱等；水果有甘蔗、甜瓜、西瓜、香蕉、葡萄等；蔬菜有胡萝卜、红薯等。

3. 建议摄取量

婴幼儿的碳水化合物需求量相对比成年人多。1岁以下的婴幼儿每天每千克体重需要12克碳水化合物，2岁以上的需要10克。

二、蛋白质

1. 作用

蛋白质是机体细胞的重要组成部分，是人体组织更新和修补的主要原料。人体的每个组织都是由蛋白质组成的，如毛发、皮肤、肌肉、骨骼、内脏、大脑、血液、神经等。婴幼儿的生长发育速度比较快，充足的蛋白质是婴幼儿大脑、骨骼等生长发育的必需原料。

2. 食物来源

蛋白质的主要来源是肉、蛋、奶和豆类食品。含蛋白质较多的食物包括：畜肉类，如牛肉、羊肉、猪肉、狗肉等；禽肉类，如鸡肉、鸭肉、鹌鹑肉等；海鲜类，如鱼、虾、蟹等；蛋类，如鸡蛋、鸭蛋、鹌鹑蛋等；奶类，如牛奶、羊奶、马奶等；豆类，如黄豆、黑豆等。此外，芝麻、瓜子、核桃、杏仁、松子等干果类食品的蛋白质含量也很高。

3. 建议摄取量

婴幼儿摄入的蛋白质大多用于生长发育，尤其是在生长和发育最快的第一年，其对蛋白质的需求比其他时间要多得多，大概是成人的3倍。一般来说，新生足月的婴幼儿，每天每千克体重需要大约2克蛋白质（按照3千克的体重计算，婴幼儿每天需要630毫升的母乳或450毫升的婴幼儿配方奶粉）。早产儿对蛋白质的需求会更多一些，通常每天每千克体重需要3～4克蛋白质，当体重达到与足月婴幼儿一样时（2.5千克以上），其对蛋白质的需求就与足月的婴幼儿一样了。1岁以下的婴幼儿身体发育所需的蛋白质，主要来自于母乳或配方奶粉，平均每天700～800毫升的母乳或配方奶，基本就能满足其需要。

三、膳食纤维

1. 作用

　　膳食纤维有增加肠道蠕动、减少有害物质对肠道壁的侵害、促进大便通畅、减少便秘及预防其他肠道疾病、增强食欲等作用，能帮助婴幼儿建立正常的排便规律，保持健康的肠胃功能，对预防许多成年后的慢性病也有好处。

2. 食物来源

　　膳食纤维的食物来源有糙米、胚芽精米，以及玉米、小米、大麦等杂粮。此外，水果类、根菜类和海藻类食物中的膳食纤维也较多，如柑橘、苹果、香蕉、包菜、菠菜、芹菜、胡萝卜、四季豆、豌豆、薯类和裙带菜等。

3. 建议摄取量

　　不同年龄段的婴幼儿所需的膳食纤维量是不同的。4~8个月的婴幼儿，每天所需的膳食纤维量约为 0.5 克；1 岁左右的婴幼儿，每天所需的膳食纤维量约为 1 克；2 岁以上的婴幼儿，每天所需的膳食纤维量为 3~5 克。

四、维生素 A

1. 作用

　　维生素 A 具有维持婴幼儿的正常视力以及上皮组织健全的功能，可帮助婴幼儿皮肤、骨骼、牙齿、毛发健康生长，还能促进其生殖系统的良好发育。

2. 食物来源

　　富含维生素 A 的食物有鱼肝油、牛奶、胡萝卜、杏、西蓝花、木瓜、蜂蜜、香蕉、禽蛋、大白菜、荠菜、西红柿、茄子、南瓜、韭菜、绿豆、芹菜、芒果、菠菜、洋葱等。

3. 建议摄取量

　　1 岁以下的婴幼儿每天维生素 A 的推荐摄取量约为 400 微克。母乳中含有较丰富的维生素 A，用母乳喂养的婴幼儿一般不需要额外补充。牛乳中维生素 A 的含量仅为母乳的一半，用牛乳喂养的婴幼儿每天需要额外补充 150~200 微克维生素 A。1~3 岁的婴幼儿每天维生素 A 的适宜摄取量为 500 微克左右。

五、维生素 B_1

1. 作用

　　维生素 B_1 是人体内物质与能量代谢的关键因素，具有调节神经系统和生理活动的作用，可以维持婴幼儿的食欲和胃肠道的正常蠕动以及促进消化，还能增强记忆力。

2. 食物来源

　　富含维生素 B_1 的食物有谷类、豆类、干果类、硬壳果类，其中尤以谷类的表皮部分含量较高，所以谷类加工时碾磨精度不宜过细；蛋类及绿叶蔬菜中维生素 B_1 的含量也较高。

3. 建议摄取量

　　每 100 毫升母乳中，维生素 B_1 的平均含量约为 0.02 毫克。6 个月以下的婴幼儿，每天维生素 B_1 的适宜摄取量约为 0.2 毫克；6~12 个月的婴幼儿，每天维生素 B_1 的适宜摄取量约为 0.3 毫克；1 ～ 3 岁的婴幼儿，每天维生素 B_1 的适宜摄取量约为 0.6 毫克。

六、维生素 C

1. 作用

维生素 C 可以促进伤口愈合、增强机体抵抗力，对维护婴幼儿牙齿、骨骼、血管、肌肉的正常功能有重要作用。同时，维生素 C 还可以促进铁的吸收、改善贫血、提高免疫力、对抗应激等。

2. 食物来源

维生素 C 主要来源于新鲜蔬菜和水果，水果中以柑橘、草莓、猕猴桃、枣等含量居高；蔬菜中以西红柿、豆芽、白菜、青椒等含量较高。其他蔬菜也含有较丰富的维生素 C，蔬菜中的叶部含量比茎部高，新叶含量比老叶高，有光合作用的叶部含量最高。

3. 建议摄取量

1 岁以下的婴幼儿每天维生素 C 适宜摄取量为 40 ～ 50 毫克；1 ～ 3 岁婴幼儿每天适宜摄取量为 60 毫克；4 ～ 7 岁的婴幼儿每天适宜摄取量为 70 毫克。母乳中含有丰富的维生素 C，每 100 毫升母乳中大约含有 6 毫克维生素 C，基本可以满足婴幼儿身体发育的需要。添加辅食后，婴幼儿对维生素 C 的需求可通过食物获得满足，爸爸妈妈只需要给婴幼儿多准备新鲜的蔬菜和水果即可。

七、维生素 E

1. 作用

维生素 E 是一种很强的抗氧化剂，具有改善婴幼儿血液循环、修复组织、保护视力、提高机体免疫力等功效。

2. 食物来源

富含维生素 E 的食物有核桃、糙米、芝麻、蛋、牛奶、花生、黄豆、玉米、鸡肉、南瓜、西蓝花、杏、蜂蜜，以及坚果类食物、食用油等。

3. 建议摄取量

1 岁以下的婴幼儿，每天维生素 E 的适宜摄取量约为 14 毫克；1 ～ 3 岁的婴幼儿每天维生素 E 的适宜摄取量约为 4 毫克。

八、钙

1. 作用

钙是构成人体骨骼和牙齿硬组织的主要元素，除了可以强化婴幼儿牙齿及骨骼外，还可维持其肌肉神经的正常兴奋、调节细胞及毛细血管的通透性、强化神经系统的传导功能等。

2. 食物来源

钙的来源很丰富。比如，乳类与乳制品：牛奶、羊奶、奶粉、乳酪、酸奶；豆类与豆制品：黄豆、毛豆、扁豆、蚕豆、豆腐、豆腐干、豆腐皮等；水产品：鲫鱼、鲤鱼、鲢鱼、泥鳅、虾、虾米、螃蟹、海带、紫菜、蛤蜊、海参、田螺等；肉类与禽蛋：羊肉、猪肉、鸡肉、鸡蛋、鸭蛋、鹌鹑蛋等；蔬菜类：芹菜、油菜、胡萝卜、萝卜叶、芝麻叶、香菜、雪里蕻、黑木耳、蘑菇等；水果与干果类：柠檬、枇杷、苹果、黑枣、杏仁、山楂、葡萄干、核桃、西瓜籽、南瓜籽、花生、莲子等。

3. 建议摄取量

6 个月以下的婴幼儿，每天钙的适宜摄取量约为 300 毫克；6 ~ 12 个月的婴幼儿，每天钙的适宜摄取量约为 400 毫克；1 ~ 3 岁的婴幼儿，每天钙的适宜摄取量约为 600 毫克；4 ~ 10 岁的儿童，每天钙的适宜摄取量约为 800 毫克。

九、铁

1. 作用

铁元素具有造血功能，在人体中参与血红蛋白、细胞色素及各种酶的合成，能促进生长；铁在血液中还起着运输氧和营养物质的作用。人体缺铁会导致缺铁性贫血、免疫功能下降和新陈代谢紊乱，不仅人的脸色萎黄，皮肤也会失去光泽。

2. 食物来源

食物中含铁丰富的有动物肝脏、动物肾脏、瘦肉、蛋黄、鸡肉、鱼、虾、豆类、菠菜、芹菜、油菜、苋菜、荠菜、黄花菜、西红柿等。

水果中杏、桃、梨、红枣、樱桃等含铁较多，干果中葡萄干、核桃等含铁较多。其他如海带、红糖中也含有丰富的铁。

3. 建议摄取量

6 个月以下的婴幼儿每天铁的适宜摄取量约为 0.3 毫克；6 ~ 12 个月的婴幼儿每天铁的适宜摄取量约为 10 毫克；1 ~ 4 岁的婴幼儿每天铁的适宜摄取量约为 12 毫克；4 ~ 11 岁的儿童每天铁的适宜摄取量约为 12 毫克。

十、锌

1. 作用

锌在核酸、蛋白质的生物合成中起着重要作用，还参与碳水化合物和维生素 A 的代谢过程，能维持人体胰腺、性腺、脑下垂体、消化系统和皮肤的正常功能。缺锌会影响细胞代谢，妨碍生长激素轴的功能，导致婴幼儿生长发育缓慢，身高、体重均落后于同龄婴幼儿，严重缺锌还会使脑细胞中的二十二碳六烯酸（DHA）和蛋白质合成过程发生阻碍，影响婴幼儿智力发育。

2. 食物来源

常见的蔬菜、水果、粮食中均含有锌，含锌较多的有牡蛎、猪瘦肉、西蓝花、禽蛋、粗粮、核桃、花生、西瓜籽、板栗、干贝、榛子、松子、腰果、杏仁、黄豆、银耳、小米、白萝卜、海带、白菜等。

3. 建议摄取量

建议 10 岁以下儿童每天摄入 10 毫克左右的锌。母乳中的锌吸收率高，可达 62%，比牛乳中的锌更易被吸收利用，母乳喂养是预防婴幼儿缺锌的好方法。适量摄入含锌量丰富的食物也能有效预防婴幼儿缺锌。

第一章

4～6个月
宝宝这样吃

4～6个月时宝宝已经开始长牙了，开始能消化一些泥糊状的食物，爸爸妈妈可以为宝宝准备一些米糊或米浆、菜水、稀释的果汁等，以及补充含铁量高的食物，如蛋黄泥等。从第6个月开始，可以给宝宝添加菜泥、煮烂的粥、土豆泥、水果泥、鱼肝油等，以补充营养。

土豆泥

材料

土豆 80 克

做法

❶ 将土豆去皮，洗净，切成小块。

❷ 将土豆块放入锅中隔水蒸熟，用勺子碾成泥即可。

专家点评

　　土豆含有丰富的淀粉、蛋白质、脂肪、糖类，还含有人体必需的多种氨基酸、多种维生素，以及胡萝卜素、纤维素、钙、磷、铁、钾、钠、碘、镁和钼等营养素，能满足宝宝身体所需的多种营养，促进肠胃蠕动，帮助骨骼和牙齿健康生长，还能促进宝宝大脑的健康发育。

小米山药粥

材料

小米 70 克，山药 50 克，白糖适量

做法

❶ 小米洗净，用清水浸泡 1 个小时；山药去皮，洗净，切成小块。

❷ 注水入锅，大火煮开后，倒入小米和山药块同煮，边煮边搅拌。

❸ 待水煮开后，转小火继续慢熬至粥黏稠，加入适量白糖，待白糖溶化后，将粥倒入碗中，即可食用。

专家点评

　　此款粥可缓解小儿脾胃虚弱、消化不良、不思饮食、腹胀腹泻等症，适宜空腹食用。

白菜燕麦糊

材料

燕麦 80 克，大白菜 40 克，白糖适量

做法

❶ 燕麦用清水洗净，控干；大白菜洗净，切碎。

❷ 将以上食材全部倒入豆浆机中，加水至上、下水位线之间，按下"米糊"键。

❸ 米糊煮好后，豆浆机会提示做好；倒入碗中后，加入适量的白糖，即可食用。

专家点评

此款汤有通利肠胃、增进食欲、强筋壮骨的功效。大白菜水分含量达 95%，并且可以为人体提供丰富的钙质，具有益胃生津、清热除烦等功效。燕麦中含丰富的膳食纤维，除此之外，大白菜的含锌量非常高，还含有丰富的膳食纤维、维生素 A 及铁、钾等多种营养成分，对宝宝的健康成长有着重要的作用。

胡萝卜豆腐汤

材料

胡萝卜 100 克，豆腐 75 克，高汤、盐各适量，香油 3 毫升，香菜梗少许

做法

❶ 胡萝卜清洗干净，去皮切丝；豆腐清洗干净，切丝备用。

❷ 将净锅置于火上，倒入适量高汤，再下入准备好的胡萝卜、豆腐煮熟，然后加入少许盐煲至熟，撒入少许香菜梗，淋上香油即可。

南瓜牛奶泥

材料

南瓜 120 克，牛奶适量

做法

❶ 将南瓜清洗干净，去皮去瓤。

❷ 锅内注入适量清水，将准备好的南瓜倒入，煮至熟透。

❸ 然后将南瓜和牛奶一起放入碗中，捣成泥即可。

芋头米粉汤

材料

芋头 70 克，粗米粉 50 克，芹菜少许，大骨汤 350 毫升

做法

❶ 芋头洗净切丁；粗米粉洗净并泡水 10 分钟；芹菜洗净切末。

❷ 锅烧热，倒入大骨汤，下芋头煮软，倒入粗米粉煮熟。

❸ 撒入芹菜末，焖煮 2 分钟即可。

豌豆黄瓜糊

材料

鲜豌豆 50 克，鲜黄瓜 50 克

做法

❶ 将豌豆洗净后浸泡；鲜黄瓜洗净后去皮，切小块。

❷ 将豌豆和黄瓜放入豆浆机中，加入适量水，按下"米糊"键，打成糊即可。

芋头豆花

材料

芋头半个，豆花粉 35 克

做法

❶ 将芋头清洗干净，去皮，切成小块，入锅蒸熟。

❷ 锅内加入适量清水，大火煮沸后，加入豆花粉。

❸ 待豆花粉煮开后，加入蒸熟的芋头，一起食用即可。

蛋黄羹

材料

鸡蛋 2 个，骨头汤 100 毫升

做法

❶ 锅置火上，倒入适量水，将鸡蛋放入锅中，大火煮。

❷ 将鸡蛋煮熟后，去壳取蛋黄，将其捣成蛋黄泥。

❸ 将骨头汤倒入蛋黄泥中，调成糊状即可。

白萝卜土豆泥

材料
白萝卜 50 克，土豆 50 克，高汤适量

做法
❶ 将白萝卜洗净去皮，切成小块。

❷ 土豆去皮，洗净，切成小块。

❸ 将切成块状的白萝卜和土豆放入锅中，蒸至熟。

❹ 将蒸熟的土豆和白萝卜碾成泥状，再放入锅中，加适量高汤煮成糊状即可。

专家点评
　　土豆含有丰富的淀粉、蛋白质，还含有人体必需的多种氨基酸、多种维生素，和白萝卜一起搭配做成辅食给宝宝食用，不仅能补充宝宝身体发育所需的多种营养，而且能促进宝宝的大脑发育。

胡萝卜燕麦糊

材料
胡萝卜 80 克，婴儿燕麦粉 30 克

做法
❶ 胡萝卜洗净去皮，切成小块，加水煮熟后捞出，沥干水分。

❷ 将煮好的胡萝卜用研磨器磨成泥状。

❸ 将婴儿燕麦粉、胡萝卜泥和温开水一起拌匀即可。

专家点评
　　燕麦中富含的膳食纤维能够润肠排毒，对大便干燥的宝宝有很好的食疗功效。胡萝卜中含有的胡萝卜素不仅对宝宝的眼睛发育有好处，它在人体内转化成的维生素 A 还能增强机体的免疫力，促进宝宝的骨骼健康生长。

白菜红枣肉汤

材料

白菜 100 克，烧肉 50 克，红枣 5 颗，盐适量

做法

❶ 将白菜洗净，横切成段状；红枣洗净，加
  清水浸泡。

❷ 锅中放适量水，将白菜段、烧肉、红枣入锅，
  用大火煮。

❸ 待水开后，加少许盐，转小火炖煮至菜肉
  软烂即可。

专家点评

　　白菜含有维生素 C、胡萝卜素、钙、锌、
磷、铁、膳食纤维等营养素，可以满足宝宝身
体发育所需的多种营养。红枣含有丰富的蛋白
质、有机酸、维生素 A、维生素 C 等营养成分，
能预防和缓解宝宝缺铁性贫血、脾虚、消化不
良等症状，具有健脾胃、补气血的功效。烧肉
中含有丰富的蛋白质和脂肪，能够补充宝宝身
体所需的热量。

豌豆米糊

材料

豌豆 60 克，大米 100 克

做法

❶ 锅中注水，煮沸，加入洗净的豌豆，煮熟后捞出，沥干；大米洗净，浸泡。

❷ 将豌豆放入碗中，用汤勺压碎，制成豌豆泥备用。

❸ 将泡好的大米和适量清水放入豆浆机中，按"米糊"键，待做成后倒入碗中，将准备好的豌豆泥加入碗中，调匀即可。

专家点评

这款米糊不仅能补充宝宝身体发育所需的钙质，还具有健脑的作用。大米含有蛋白质、脂肪、碳水化合物、膳食纤维、钙、磷、铁以及多种维生素。用大米给宝宝制作米糊，方便又富有营养，是宝宝营养辅食的好选择。

燕麦糊

材料

婴幼儿燕麦粉 50 克，米汤 150 毫升

做法

❶ 将婴幼儿燕麦粉装入碗中。

❷ 再加入米汤。

❸ 用汤匙充分拌匀即可。

专家点评

燕麦糊中富含赖氨酸和精氨酸，可以满足宝宝成长的营养需要。特别是在夏季，宝宝的胃酸分泌减少，加之饮水较多冲淡胃酸，导致机体消化功能较弱，所以应多吃营养丰富、气味清淡的燕麦。燕麦是宝宝辅食中很好的选择，其纤维含量高，还含有维生素 E、亚麻酸、铜、锌、硒、镁等营养素，宝宝食用后有助于均衡营养。

苹果奶麦糊

材料

苹果、婴儿麦粉各30克，冲好的配方奶40毫升

做法

❶ 苹果洗净，去皮，去籽，切小块。

❷ 将婴儿麦粉、苹果块和配方奶一起放入锅中，加适量水煮成米糊即可。

专家点评

　　苹果含有丰富的锌，而锌是人体必需的微量元素之一，能促进细胞的分裂和生长，对宝宝的生长发育、免疫功能、视觉及生殖系统发育有重要的作用。

蛋黄豌豆米糊

材料

大米70克，豌豆20克，蛋黄半个，盐适量

做法

❶ 大米清洗干净，用清水浸泡2个小时；豌豆洗净，入沸水焯1～2分钟，捞出沥干；鸡蛋黄捣烂。

❷ 将以上食材全部倒入豆浆机中，加水至上、下水位线之间，按下"米糊"键。

❸ 豆浆机提示米糊做好后，将其倒入碗中，加入适量盐，即可食用。

专家点评

　　此款米糊含有丰富的蛋白质、维生素C等营养素，尤其适宜6个月左右开始长乳牙的宝宝食用。

米汤土豆羹

材料

土豆 50 克，米汤适量

做法

❶ 将土豆洗净去皮后，放入锅中煮熟。

❷ 将煮熟的土豆碾成泥状。

❸ 米汤入锅，将土豆泥加入汤中，用小火煮，搅拌成羹状即可。

专家点评

　　土豆和米汤混合搅拌，香甜可口，能够引起宝宝的食欲。米汤中含有维生素 B_1、维生素 B_2、磷、铁等成分，还有一定的碳水化合物及脂肪等营养素，有益气、养阴、润燥的功能，能帮助消化和吸收脂肪，对宝宝的健康和发育均有益处。

蛋黄泥

材料

鸡蛋 2 个，配方奶少许

做法

❶ 鸡蛋洗净。

❷ 锅置火上，加入适量水，放入鸡蛋煮熟。

❸ 将煮熟的鸡蛋捞出晾凉，去壳取蛋黄。

❹ 将鸡蛋黄与配方奶放入容器内，碾压成泥即可。

专家点评

　　一般宝宝 5 个月大时就可喂食蛋黄了，有过敏史的宝宝，可以推迟几个月喂，同时还要添加其他食物补充铁质，如肉类、动物肝脏等。

山药大米米浆

材料

山药 30 克，大米 50 克

做法

❶ 将大米洗净，浸泡备用。

❷ 山药去皮，洗净，切碎丁。

❸ 将泡好的大米和山药一起放入锅中，煮至米烂汤稠即可。

专家点评

　　山药能健脾养胃，并且含有丰富的蛋白质以及淀粉等营养成分。大米中蛋白质、脂肪、维生素含量较丰富，能促进血液循环、胃肠蠕动，还能提高机体的免疫力。两者煮粥，味美、润滑，是成长期宝宝辅食的理想选择。

山药莲子米浆

材料

大米 50 克，山药 30 克，莲子 10 克

做法

❶ 大米洗净，加水浸泡；山药去皮，洗净切块，泡在清水里；莲子泡软，去心洗净。

❷ 将大米、山药、莲子放入豆浆机中，加适量水，按"米浆"键，待米浆做成即可。

专家点评

　　莲子中的钙、磷和钾含量非常丰富，还含有其他多种维生素、微量元素、荷叶碱、金丝草苷等物质，对宝宝消化不良有一定的疗效。莲子能帮助机体进行蛋白质、脂肪、糖类代谢，可以健脑、增强记忆力，还有清热泻火的功能。山药也具有滋补、助消化、清热解毒等功效，这款米浆是宝宝消化清火的好选择。

红薯大米米浆

材料

红薯 1 个，大米 100 克，白糖适量

做法

❶ 将红薯洗净，煮熟后去皮，切小块；大米洗净泡软。

❷ 将红薯、大米放入豆浆机中，加入适量清水，按"米浆"键。

❸ 待米浆做成，加入白糖调味即可。

专家点评

　　红薯的营养丰富，其所含的纤维素能清肠胃，使排便顺畅，所以对宝宝的胃和肠道有极大的益处，还可以有效地防止钙流失。大米是提供 B 族维生素的主要来源，而磨成米浆后，更易于宝宝吸收，具有补脾、和胃、清肺的功效。

红薯米糊

材料

红薯 40 克，大米 50 克，燕麦 30 克，生姜适量

做法

❶ 红薯洗净，切成小粒；大米、燕麦分别淘洗干净，浸泡至软。

❷ 生姜去皮洗净，切片。

❸ 将上述材料放入豆浆机，加适量水，按豆浆机提示制作好米糊，即可食用。

专家点评

　　红薯富含膳食纤维、胡萝卜素、维生素 A、B 族维生素、维生素 C、维生素 E 等营养素，营养价值很高。燕麦中含有大量的膳食纤维，能够促进肠胃蠕动，使宝宝更加健康。

红枣青菜粥

材料

红枣 15 克，青菜 15 克，大米 50 克

做法

❶ 大米洗净，用水浸泡半个小时，沥干。

❷ 红枣加水浸泡半个小时，入锅煮 15 分钟。

❸ 将青菜洗净后切碎；再将煮熟的红枣去皮、核。

❹ 锅中加适量水，放入大米、红枣和青菜，先用大火煮沸，再转小火熬煮至米粥烂熟即可。

专家点评

　　这道粥能提高宝宝的免疫力，预防和缓解宝宝缺铁性贫血、脾虚消化不良等症状，具有健脾胃、补气血的功效。青菜中含有宝宝成长所需的维生素、胡萝卜素、钙、铁等营养素，有助于增强宝宝的免疫力。

花生红枣大米粥

材料

大米 150 克，红枣 15 克，花生仁 20 克，**做法**

❶ 大米洗净，加水浸泡半个小时，沥干。

❷ 红枣去核，加水浸泡半个小时；花生仁洗净备用。

❸ 锅中加适量水，放入大米、红枣和花生仁，先用大火煮沸，再转小火熬煮，待米粥烂熟即可。

专家点评

　　花生的蛋白质含量很高，有助于增强记忆力。红枣含有大量的铁、维生素 C 等营养素，有助于宝宝身体的健康成长和大脑的健康发育，还可以防治缺铁性贫血。大米能够润肠排毒，对宝宝便秘有很好的疗效。

苹果汁

材料

苹果 2 个，橙汁少许

做法

❶ 苹果洗净去皮，去核，切丁。

❷ 将苹果丁放入榨汁机榨出汁，倒进奶瓶。

❸ 取 40 毫升凉开水，倒入奶瓶，加入橙汁搅拌均匀即可。

专家点评

　　苹果含有丰富的矿物质和多种维生素，宝宝常吃可预防佝偻病。此外，苹果可维持消化系统健康，减轻腹泻现象。而稀释的苹果汁对宝宝来说更易于吸收，能顺气消食。

哈密瓜草莓汁

材料

哈密瓜 100 克，草莓 100 克

做法

❶ 哈密瓜洗净，取出果肉，切小块；草莓去蒂洗净，切小块。

❷ 将哈密瓜、草莓放入果汁机中，搅打均匀，倒入杯中。

❸ 加少许凉开水拌匀即可。

专家点评

　　哈密瓜富含维生素 A、B 族维生素、膳食纤维及蛋白质等，能促进人体的造血功能，还可缓解身心疲惫、润肠通便。草莓的营养成分容易被人体消化、吸收，多吃也不会受凉或上火。此果汁易被宝宝吸收，经常食用有利于宝宝的身体健康。

哈密瓜奶

材料

哈密瓜 100 克，鲜奶、柳橙汁、白糖各适量

做法

❶ 将洗好的哈密瓜去皮，去籽，放入榨汁机中榨汁。

❷ 将哈密瓜汁、鲜奶放入榨汁机中。

❸ 加入凉开水、白糖，搅打均匀即可。

专家点评

　　鲜奶含有钙、碘、铜、锌、铁、维生素 A 等营养成分，能促进宝宝的骨骼及牙齿的生长，使宝宝的皮肤光滑丰满，还可以促进宝宝大脑的健康发育，增强宝宝的免疫力。哈密瓜中富含大量的膳食纤维、蛋白质及维生素，有利于宝宝的肠道健康和顺利排便。二者搭配，还能增强宝宝的食欲。

西红柿柠檬柚汁

材料

沙田柚、柠檬各半个，西红柿 1 个，白糖少许

做法

❶ 将沙田柚洗净，剥开，取果肉，放入榨汁机中榨汁。

❷ 将西红柿、柠檬洗净，切块，与沙田柚汁、凉开水一起放入榨汁机内榨汁。

❸ 加入少许白糖调味即可。

专家点评

　　西红柿不仅可以预防贫血，还可提高宝宝的免疫力。柠檬能帮助保持人体正常的生理机能。沙田柚含有维持宝宝皮肤和眼睛健康的胡萝卜素。三者搭配制成果汁，酸甜可口，不仅能补充宝宝身体所需的多种营养成分，还能激发宝宝的食欲，并改善其营养不良的症状。

李子鸡蛋蜜汁

材料

李子 2 个，鸡蛋 1 个，牛奶 240 毫升，白糖适量

做法

❶ 李子清洗干净，去核，切丁；鸡蛋煮熟，取蛋黄。

❷ 将李子丁、蛋黄、牛奶、白糖一同放入搅拌机内，搅打 2 分钟即可。

专家点评

　　这款饮品味道酸甜，能引起宝宝的食欲。李子能促进胃酸和胃消化酶的分泌，有增加肠胃蠕动的作用，可以帮助宝宝促进消化，防治食欲不振和消化不良，还有利于营养的补充。将李子与富含"脑黄金"的蛋黄，富含蛋白质、钙、铁的牛奶一同制作饮品，营养更均衡。

李子牛奶饮

材料

李子 6 个，牛奶 300 毫升，白糖少许

做法

❶ 李子清洗干净，去核取肉。

❷ 将李子肉、牛奶一同放入搅拌机中。

❸ 加入白糖后，搅拌均匀即可。

专家点评

　　这款果汁有润肠、助消化的作用。李子具有促进肠胃蠕动的作用，能有效防治宝宝便秘。加入营养丰富的牛奶后，又添加了钙质和优质蛋白，提供的营养就更全面了，有助于宝宝的骨骼发育，可预防小儿佝偻病。

西红柿沙田柚汁

材料

沙田柚半个，西红柿 1 个，白糖少许

做法

❶ 将沙田柚清洗干净，剥开取果肉，放入榨汁机中榨汁。

❷ 将西红柿清洗干净，切块，与沙田柚汁、凉开水一同放入榨汁机内搅拌。

❸ 饮用前可加入适量白糖调味。

专家点评

　　本饮品有开胃消食、健脾和胃的功效，适量给宝宝饮用，还能防治便秘。沙田柚含有丰富的蛋白质、糖类、有机酸及维生素 A、维生素 C 和钙、磷、镁、钠等营养成分，可以补充多种宝宝生长所需的营养素。

南瓜胡萝卜汁

材料

胡萝卜 80 克，南瓜 50 克，鲜奶 20 毫升

做法

❶ 南瓜去皮，洗净，切块蒸熟。

❷ 胡萝卜洗净去皮，切小丁。

❸ 将以上所有材料放入榨汁机中，搅拌 2 分钟即可。

专家点评

　　胡萝卜富含胡萝卜素，有助于增强宝宝的免疫力。南瓜所含的果胶可以保护宝宝的胃肠道黏膜，帮助消化食物。南瓜中还含有丰富的锌，可促进宝宝的生长发育。这两种营养丰富的食材合用，能补充宝宝身体所需的多种营养。

胡萝卜豆浆

材料
胡萝卜 30 克，黄豆 50 克

做法
❶ 黄豆洗净，加水浸泡至变软。
❷ 胡萝卜洗净，切成黄豆大小的块。
❸ 将胡萝卜和黄豆放入豆浆机中，加适量水搅打成浆，煮沸后滤出豆浆即可。

专家点评
　　黄豆含有丰富的 B 族维生素以及钙、磷、铁等矿物质，对于宝宝生长发育及预防缺铁性贫血极其有益。胡萝卜素被宝宝吸收后转化成维生素 A，可增强宝宝自身的免疫力，而且对宝宝的眼睛和皮肤都很有好处。

白萝卜葡萄汁

材料
白萝卜半根，葡萄汁 30 毫升，白糖少许

做法
❶ 将白萝卜洗净，去皮切碎。
❷ 将白萝卜碎和葡萄汁放入豆浆机中，加适量水搅打成汁，用纱布过滤出汁液。
❸ 将汁液倒入杯中，加入白糖搅拌即可。

专家点评
　　白萝卜含有丰富的维生素 C，还含有一定量的钙、磷、碳水化合物及少量的蛋白质、铁及其他维生素，能够提供宝宝生长发育所需的多种营养素。

第二章

7~9个月
宝宝这样吃

　　7~9个月的宝宝，爸爸妈妈可以为他们准备一些煮烂的粥与面、鱼泥、肝泥、肉糜、豆腐、水果泥、蒸鸡蛋羹、碎菜等作为辅食，也可以准备一些烤面包片、饼干或馒头片，锻炼宝宝的咀嚼能力，帮助牙齿的生长发育。

鱼蓉瘦肉粥

材料

鱼肉 25 克，猪瘦肉 20 克，大米 50 克，葱花适量，盐少许

做法

❶ 鱼肉入锅煮熟，取出待凉后制成蓉状；猪瘦肉洗净后切碎；大米洗净。

❷ 砂锅中注水，放入大米熬煮，待水煮开后加入鱼蓉、碎肉，煮至米肉糜烂，加入少许盐，撒上葱花即可。

专家点评

　　鱼肉、猪瘦肉含有丰富的营养，是宝宝营养餐的好选择。二者一同熬煮的粥富含人体所需的多种微量元素，能满足宝宝的营养需求。同时，鱼肉中富含对神经系统和身体发育有利的二十二碳六烯酸（DHA）、卵磷脂和卵黄素，能提高宝宝的记忆力，具有健脑益智的功效。

白萝卜鲫鱼汤

材料

鲫鱼 300 克，白萝卜、胡萝卜各 50 克，食用油、盐、葱花各少许

做法

❶ 将鲫鱼洗净，处理好；白萝卜、胡萝卜洗净去皮切丝。

❷ 锅置火上，放入油，将鲫鱼放入锅中，双面煎出香味。

❸ 锅中加入适量水，放入白萝卜丝和胡萝卜丝煮开，以小火炖煮 1 个小时，至锅中汤汁为乳白色时，放盐调味，撒入葱花即可。

专家点评

　　鲫鱼营养价值很高，有助于促进宝宝的身体和大脑发育。胡萝卜有助于增强机体的免疫功能，提高宝宝的抵抗力。白萝卜能促进肠胃蠕动，从而增加食欲，帮助宝宝进行消化。

木瓜排骨汤

材料
木瓜 100 克，排骨 100 克，盐少许

做法
1. 木瓜去皮、去核后切厚块；排骨洗净，斩成段状。
2. 木瓜、排骨放入锅内，加适量清水，用大火煮沸后，改用小火煮 2 个小时左右。
3. 煮好后，加少许盐调味即可。

专家点评
　　木瓜中含有大量的糖、蛋白质、脂肪、维生素等人体所需营养成分。排骨除了含有蛋白质和维生素，还含有大量磷酸钙、骨胶原、骨黏蛋白等，能补充宝宝骨骼和牙齿发育所需的钙质。将木瓜和排骨炖汤喂养宝宝，可以补充宝宝身体发育所需的多种营养素，增强宝宝身体的抵抗力。

虾仁鸡蛋糕

材料
鸡蛋 1 个，虾仁 20 克，土豆 40 克，水淀粉 10 克，冲好的配方奶 200 毫升，葱花少许

做法
1. 将虾仁洗净，切碎；土豆去皮洗净，切成小丁；鸡蛋煮熟，取蛋黄，碾成泥状。
2. 在蛋黄上面放虾仁、土豆、水淀粉、配方奶，放入蒸笼蒸熟，取出撒上葱花即可。

专家点评
　　虾仁不仅具有非常高的营养价值，而且味道爽口，易于消化，与蛋黄、土豆及配方奶搭配，不仅味道鲜美，可以刺激宝宝的食欲，而且脂肪含量很低，多吃也不易发胖，有利于宝宝的生长发育。

萝卜核桃粥

材料
大米 15 克，白萝卜 10 克，胡萝卜 5 克，核桃仁 10 克

做法
❶ 大米洗净泡好，磨碎；核桃仁磨碎。
❷ 白萝卜和胡萝卜去皮，洗净磨碎。
❸ 锅中放入大米碎和适量水，煮至米粒绽开，再放入白萝卜、胡萝卜和核桃仁，煮熟即可。

玉米碎肉粥

材料
大米 10 克，玉米粒 50 克，猪瘦肉 50 克，盐少许

做法
❶ 大米洗净，加水浸泡 10 分钟；玉米粒洗净；猪瘦肉洗净剁碎。
❷ 锅内注水，煮开后放入大米、玉米粒和猪瘦肉。
❸ 煮成粥后，加少许盐调味即可。

紫米糙米甜南瓜粥

材料
大米 15 克，紫米、糙米各 5 克，甜南瓜 20 克，黑豆适量

做法
❶ 大米、紫米、糙米分别洗净泡好，备用。
❷ 将甜南瓜去皮洗净，煮熟磨碎；黑豆焯烫后去皮。
❸ 在南瓜碎中加入黑豆、水熬煮，再倒入大米和糙米煮熟，最后再放入紫米熬煮至熟即可。

丝瓜木耳汤

材料

丝瓜 1 条，黑木耳 30 克，盐适量

做法

① 丝瓜去皮，洗净后切片。

② 将黑木耳放入水中泡发，去蒂后淘洗干净，撕成片状。

③ 锅中加水煮开，放入丝瓜、盐，煮至丝瓜断生，下黑木耳煮至熟即可。

丝瓜排骨汤

材料

丝瓜、卤排骨、西红柿各 100 克，高汤适量，白糖、盐各少许

做法

① 西红柿洗净，切块；丝瓜去皮，洗净，切滚刀块。

② 汤锅上火，倒入高汤，下入切好的西红柿、丝瓜、卤排骨。

③ 大火煮开后，转小火继续煲 1 个小时，调入盐和白糖即可。

莲藕排骨汤

材料

猪排骨 250 克，莲藕 150 克，生姜片、葱花各少许

做法

① 将莲藕去皮洗净，切厚片。

② 将猪排骨过水洗净，并冲洗干净。

③ 猪排骨、莲藕和生姜片放入煲内，加水煮开，改小火煲 2 个小时，撒入葱花即可。

蛋蒸猪肝泥

材料

猪肝 80 克，鸡蛋 2 个，香油、盐、葱花各少许，食用油适量

做法

❶ 将猪肝中的筋膜去除，洗净后切成小片，和部分葱花一起炒熟；鸡蛋打成蛋液。

❷ 将炒熟的猪肝片剁成细末，备用。

❸ 把猪肝末、蛋液、香油、盐、剩余葱花搅拌均匀，上蒸锅蒸熟即可。

专家点评

　　猪肝富含维生素 A 和微量元素铁、锌、铜，适量食用，对维持宝宝眼部健康极为有益。鸡蛋是蛋白质的优质来源，是宝宝成长必不可少的营养食材。将猪肝和鸡蛋混合烹饪，可以补充宝宝身体所需的多种营养，预防并改善宝宝缺铁性贫血等症。

鲢鱼家常汤

材料

鲢鱼 350 克，豆腐 125 克，生姜片、枸杞子、食用油、盐各适量

做法

❶ 将鲢鱼处理后洗净，斩块；豆腐洗净切块。

❷ 锅上火，倒入食用油、生姜片炝香，下鲢鱼稍煎，加水煮沸，下入豆腐、枸杞子，用小火煲至熟，加盐调味即可。

专家点评

　　豆腐富含蛋白质、脂肪、B 族维生素、维生素 C 以及钙、磷、铁等营养成分，不仅营养丰富，易于消化，而且价廉，食用方便，是幼儿理想的辅食品。鲢鱼富含大量的蛋白质以及卵磷脂，对宝宝的智力发育很有帮助。

猪脊骨菠菜汤

材料

猪脊骨 200 克，菠菜 150 克，胡萝卜 50 克，盐少许

做法

1. 将菠菜洗净；胡萝卜洗净切成块状。
2. 猪脊骨洗净斩块，开水汆烫、撇去浮沫。
3. 锅中注水，放入菠菜、胡萝卜和猪脊骨，以大火煮开，转小火熬煮 1 个小时。
4. 加盐调味后，将煮好的汤过滤留汁即可。

专家点评

　　猪脊骨含有镁、钙、磷、铁等多种无机盐。菠菜中所含的酶对胃及胰腺的分泌功能有良好的作用。胡萝卜能维护视力，并增强预防传染病的能力。用猪脊骨、菠菜、胡萝卜搭配煮汤，可以补充宝宝生长发育所需的镁、铁、钙、磷等无机元素，促进宝宝健康成长。

陈皮猪肚粥

材料

陈皮 10 克，黄芪 5 克，猪肚、大米各 60 克，盐少许，葱花适量

做法

1. 猪肚洗净后，切成长条状；大米洗净，加水浸泡；陈皮洗净，切条状；黄芪洗净，切片。
2. 水入锅，将浸泡好的大米放入锅中熬煮。
3. 水煮开后，将切好的猪肚、陈皮、黄芪倒入锅中，转中火熬煮。
4. 待米粒软烂，转小火熬煮至粥浓稠，然后加少许盐调味，撒上葱花即可。

专家点评

　　猪肚有补虚损、健脾胃的功效，陈皮可促进消化液的分泌，黄芪可提高机体免疫力。三者一起煮粥，可缓解宝宝流涎的症状。

小麦胚芽糙米米糊

材料

糙米 80 克，小麦胚芽 20 克，盐适量

做法

❶ 糙米洗净，用清水浸泡 4 个小时；小麦胚芽洗净，用清水浸泡 2 个小时。

❷ 将以上食材全部倒入豆浆机，加水至上、下水位线之间，按下"米糊"键。

❸ 豆浆机提示米糊做好后，倒入碗中，加入适量盐调味即可。

专家点评

糙米属于粗加工类谷物，中医认为糙米味甘、性温，有健脾养胃、补中益气、调和五脏、镇静神经、促进消化吸收等功能。糙米和小麦胚芽一起打成米糊，非常适合宝宝食用。

糙米花生杏仁米糊

材料

糙米 50 克，杏仁 10 克，花生仁 15 克，白糖适量

做法

❶ 糙米洗净，用清水浸泡 2 个小时；杏仁、花生仁去衣，洗净，用温水泡开。

❷ 将以上食材全部倒入豆浆机，加水至上、下水位线之间，按下"米糊"键。

❸ 米糊煮好后，加入适量白糖拌匀即可。

专家点评

糙米含有丰富的 B 族维生素和维生素 E，杏仁具有美白润肤的功效，花生仁具有补血活血的功效。宝宝食用三者制成的米糊，可使皮肤红润有光泽。

鲜莲藕粥

材料

鲜莲藕 50 克，大米 50 克，葱适量

做法

❶ 大米洗净，浸泡半个小时；鲜莲藕浸泡洗净，去皮切成薄片；葱洗净，切成葱花。

❷ 泡好的大米与莲藕片一起放入锅中，加适量水熬成粥。

❸ 待粥熟烂后，将葱花撒在粥上即可。

专家点评

煮熟的莲藕具有健脾开胃、益血补心的作用，对宝宝便中带血、食欲不振等症有一定的食疗作用。此外，莲藕还能够强壮筋骨、补血养血、改善血液循环，有益于宝宝的身体健康。

瘦肉麦仁粥

材料

猪瘦肉 100 克，麦仁 80 克，生姜丝 2 克，葱花少许

做法

❶ 将猪瘦肉清洗干净，切片；麦仁淘净，浸泡 3 个小时。

❷ 锅中注水，下入麦仁，大火煮沸后，加入猪瘦肉和生姜丝，熬煮至麦仁开花。

❸ 改小火，待粥熬出香味，撒上葱花即可。

专家点评

猪瘦肉中的部分水溶性物质，溶解得越多，粥的味道越浓，越能刺激人体胃液分泌，增进宝宝的食欲。猪瘦肉所含营养成分丰富，且较肥肉更易于消化。麦仁中含有大量的膳食纤维，对宝宝的肠胃有极大的益处，其含有的铁还可增强血液的带氧功能，促进宝宝的血液循环。

双豆瘦肉木瓜汤

材料

猪瘦肉 200 克，木瓜 100 克，红腰豆、绿豆各 50 克，盐少许，高汤、食用油、青菜各适量，生姜丝 3 克

做法

❶ 猪瘦肉洗净，切丁汆水；木瓜去皮去瓤，切丁；红腰豆、绿豆、青菜分别洗净。

❷ 净锅上火倒入食用油，将生姜丝爆香，加入高汤、猪瘦肉、红腰豆、绿豆、青菜煮至熟，加盐调味，最后加入木瓜即可。

专家点评

　　猪瘦肉中含有维生素 B$_1$，对促进宝宝的血液循环以及增强体质都有重要的作用。木瓜里的酶会帮助分解肉食，降低胃肠的工作量，帮助消化，防治便秘。绿豆所含的蛋白质、磷脂均有兴奋神经、增进宝宝食欲的功能。

平菇丝瓜蛋花汤

材料

丝瓜 125 克，鲜平菇 50 克，鸡蛋 1 个，食用油、红椒片、盐各适量

做法

❶ 将丝瓜洗净切片；鲜平菇洗净撕成丝；鸡蛋打匀备用。

❷ 净锅上火倒入食用油，下入丝瓜、鲜平菇、红椒片同炒，倒入水，再淋入蛋液煲至熟，加盐调味即可。

专家点评

　　丝瓜中的 B 族维生素及维生素 C 含量较高，能够促进大脑发育，还可增强宝宝的抵抗力。鸡蛋基本上含有人体所需要的所有营养物质，宝宝食用后，有益于智力的发育和身体的成长。

木瓜鲫鱼汤

材料

木瓜 300 克，鲫鱼 500 克，生姜 2 片，食用油、盐各适量

做法

① 木瓜洗净，切块；鲫鱼剖开处理后洗净。

② 起油锅，入生姜片，将鲫鱼煎至金黄色。

③ 将适量清水放入瓦煲内，煮沸后加入木瓜和鲫鱼，大火煲开后，改用小火煲 2 个小时，加盐调味即可。

专家点评

　　鲫鱼具有清心润肺、健胃益脾的作用，是饮食中常见的上佳食材，有很高的营养价值。鲫鱼还能补虚、利水消肿，治呕吐反胃。鲫鱼含有动物蛋白和不饱和脂肪酸，常吃鲫鱼能使宝宝身强体壮。木瓜营养丰富、味道清甜、肉质软滑、多汁，其含有的胡萝卜素和维生素 C 有很强的抗氧化能力，能帮助机体修复组织，排出有毒物质，增强宝宝的免疫力。

蔬菜豆腐

材料

豆腐 60 克，胡萝卜、洋葱、白菜、水淀粉各 10 克，高汤 200 毫升，食用油适量

做法

❶ 豆腐洗净，用热水焯烫，切成片；胡萝卜去皮洗净，切成细丝；洋葱洗净，剁碎；白菜洗净，焯烫，剁碎。

❷ 起油锅，煸炒豆腐、胡萝卜、洋葱、白菜，倒进高汤，最后用水淀粉勾芡即可。

西红柿豆腐泥

材料

西红柿 250 克，豆腐 2 块，食用油、葱花各适量

做法

❶ 将豆腐洗净，碾成蓉状；西红柿洗净，入沸水焯烫后去皮、去籽，切成粒。

❷ 将豆腐放入锅中，加入西红柿拌匀成豆腐泥，盛出。

❸ 油锅烧热，倒入豆腐泥翻炒至香熟，撒上葱花拌匀即可。

营养糯米饭

材料

大米、豌豆各 15 克，板栗 20 克，糯米、香菇、胡萝卜各 10 克，高汤 50 毫升，食用油适量

做法

❶ 大米、糯米洗净泡好；豌豆煮好去皮磨碎；板栗去皮洗净切小丁；香菇取伞部洗净切丝；胡萝卜去皮洗净，切丝，焯烫。

❷ 大米、糯米、豌豆、板栗一起入电饭煲，加水煮成饭；香菇、胡萝卜用油煸炒，再和做好的饭一起倒入高汤里煮至熟即可。

青菜丝豆腐羹

材料

鲜豆腐 100 克，青菜 50 克，盐适量

做法

① 将鲜豆腐清洗干净，切成丝；青菜清洗干净，切成丝。

② 锅中注入适量清水，放入豆腐丝和青菜丝，大火煮沸。

③ 煮至熟，放入适量盐调味即可。

柿子稀粥

材料

大米 10 克，甜柿子 15 克

做法

① 将大米淘洗干净，磨碎，加入适量清水熬煮成米粥。

② 将甜柿子清洗干净，去皮，去籽，研磨成泥状。

③ 在米粥里放入柿子泥，熬煮片刻即可。

紫米南瓜粥

材料

大米 15 克，紫米 5 克，老南瓜、嫩南瓜各 10 克，豌豆 10 克

做法

① 豌豆、大米和紫米洗净泡好。

② 将煮熟的老南瓜先冷却，然后用汤匙盛在碗里。

③ 嫩南瓜切碎；豌豆焯烫后去皮切碎。

④ 嫩南瓜碎加水熬煮，放入大米和紫米，煮至米粒绽开即可。

大骨汤

材料

猪大骨 200 克，盐少许

做法

① 将猪大骨洗净，斩成小块，用开水汆烫后，捞去浮沫。

② 在煲中加适量清水，放入猪大骨，大火煮开后转小火继续煲 2 个小时。

③ 加盐调味，用网筛滤取汤汁，待凉即可。

专家点评

动物骨头里 80% 以上的成分都是钙，是天然的钙源，其中骨钙的含量最为丰富。猪大骨中的营养成分非常丰富，不仅含有丰富的蛋白质、脂肪、维生素，还含有大量骨钙、磷酸钙、骨胶原、骨黏蛋白等，对人体有滋补、保健等功效，是宝宝补钙健骨的天然理想食材。

糯米糙米柿子稀粥

材料

大米10克，糯米、糙米各5克，甜柿子15克

做法

① 大米、糯米、糙米分别洗净泡好，磨碎，再加水熬成米粥。

② 甜柿子洗净，去皮去籽后磨成泥。

③ 在米粥里放入柿子泥，再熬煮片刻即可。

专家点评

糙米的维生素 B_1、维生素 E 含量比大米多 4 倍以上，维生素 B_2、脂肪、铁、磷等的含量也比大米多出 2 倍以上。糯米含有蛋白质、钙、磷、铁等营养素，具有补虚、补血、健脾暖胃等作用。柿子中含有大量的维生素 C，可以帮助宝宝的骨骼和牙齿发育，是宝宝成长期不错的辅食。

猪肝土豆泥

材料

新鲜猪肝 30 克，土豆 80 克

做法

1. 猪肝洗净。
2. 锅上火，加水烧开后，将洗净的猪肝放入沸水中煮熟。
3. 土豆去皮洗净，放入锅中蒸熟后切碎末。
4. 将煮熟的猪肝切成碎末，混入土豆中，加少许温开水搅拌均匀即可。

专家点评

　　动物的肝脏含有丰富的蛋白质、维生素、矿物质和胆固醇等营养物质，对促进宝宝的生长发育、维持宝宝的身体健康都有一定的益处。此外，由于动物肝脏中含有丰富的维生素 A，因此，食用肝脏还可以防治因缺乏维生素 A 引起的夜盲症、角膜炎等疾病。用猪肝和土豆制作的泥状食物，营养丰富且易消化，能补充宝宝身体所需的多种营养。因此，这道菜可以作为宝宝辅食添加的一道常用菜。

鲈鱼竹笋汤

材料
鲈鱼 300 克，竹笋 200 克，生姜片、盐各少许，香菜适量

做法
❶ 鲈鱼处理好，洗净，切成小块；竹笋剥壳，洗净，切块备用。

❷ 将生姜片及竹笋、鱼块放入锅中，以中小火煮沸，转至小火续煮 10 分钟，加盐调味，依个人口味撒上香菜即可。

专家点评
　　鲈鱼富含蛋白质、维生素 A、B 族维生素、钙、镁、锌、硒等营养元素，有补肝肾、益脾胃、化痰止咳的功效。竹笋中也富含胡萝卜素及多种维生素，食用后可消除疲劳、恢复活力。宝宝适量食用此汤，能补充锌、硒及多种维生素。

罗宋汤

材料
牛腩、胡萝卜各 50 克，洋葱、土豆各 100 克，西红柿 150 克，盐、番茄酱各适量

做法
❶ 牛腩洗净切小块，用热水氽烫后备用。

❷ 洋葱、胡萝卜、土豆分别洗净后切块；西红柿切块备用。

❸ 所有材料（盐除外）一起放入锅中，加适量水，大火煮开转小火煮至熟透，加盐调味即可。

专家点评
　　牛腩、胡萝卜、洋葱、土豆、西红柿等食材一同做汤，具有益气健脾、促进食欲、润肠通便的食疗效果，非常适合宝宝食用。

黑豆玉米粥

材料

黑豆 50 克，玉米粒 30 克，大米 70 克，白糖适量

做法

① 大米、黑豆均洗净泡发；玉米粒洗净。

② 锅置火上，倒入清水，放入大米、黑豆煮至水开。

③ 加入玉米粒同煮至粥呈浓稠状，加入白糖搅拌均匀即可。

专家点评

　　黑豆含有丰富的蛋白质、脂肪、多种维生素和微量元素，具有补脾、利水、解毒的功效。玉米含有丰富的营养保健物质，其含有的维生素 B_2 对预防心脏病、癌症等疾病有极大的作用。二者同煮粥，不仅味道清香可口，而且可以为宝宝提供多种营养素，提高其免疫力。

香菇燕麦粥

材料

香菇适量，白菜适量，燕麦 60 克，葱花适量

做法

① 燕麦浸泡 1 个小时；香菇洗净切片；白菜洗净切丝。

② 锅置火上，倒入清水，放入燕麦，以大火煮开。

③ 加入香菇、白菜同煮至粥呈浓稠状，撒上葱花即可。

专家点评

　　香菇中的维生素 D 含量很丰富，多食有益于宝宝的骨骼健康。香菇中所含的人体很难消化的粗纤维、半粗纤维和木质素，可保持肠内水分，对预防便秘有很好的效果。燕麦富含油脂，可以在皮肤表面形成一层油膜，起到长效保湿的作用。

柠檬红枣炖鲈鱼

材料
鲈鱼 1 条，红枣 8 颗，柠檬 1 个，生姜片、盐、香菜各少许

做法
1. 鲈鱼洗净切块，红枣泡软去核洗净，柠檬洗净切片。
2. 汤锅内倒水，加红枣、生姜片、柠檬片，大火煲开，放入鲈鱼，改中火煲半个小时至鲈鱼熟透，加盐调味，放入香菜即可。

虾米紫菜蛋汤

材料
紫菜 12 克，虾米 8 克，鸡蛋 1 个，南瓜 15 克，红椒圈、小茴香各适量

做法
1. 将紫菜浸泡 10 分钟；虾米洗净；鸡蛋打入碗内，搅拌均匀；南瓜去皮、去籽，洗净后切丝备用。
2. 净锅上火倒入水，下入紫菜、虾米、南瓜、红椒圈、小茴香煲至汤沸，淋入蛋液煲至熟即可。

山药鱼头汤

材料
鲢鱼头 400 克，山药 100 克，枸杞子 10 克，食用油、盐、香菜、芹菜末各适量

做法
1. 将鲢鱼头洗干净，剁成块；山药浸泡，洗净切块备用；枸杞子洗净。
2. 净锅上火，倒入食用油，下入鱼头略煎，加水，下入山药、枸杞子、芹菜末煲至熟，加盐调味，撒上香菜即可。

牛肉糯米粥

材料

大米 15 克，糯米、洋葱、核桃粉各 5 克，牛肉 20 克，南瓜 10 克，香油、高汤各适量

做法

❶ 大米、糯米洗净浸泡后，磨碎；洋葱、牛肉、南瓜洗净切碎。

❷ 切碎的牛肉煮熟后，再剁细一点。

❸ 高汤与大米、糯米一同熬成粥，加入牛肉、南瓜、洋葱、核桃粉煮至熟，最后淋点香油搅匀即可。

鳕鱼鸡蛋粥

材料

大米、土豆、上海青各 15 克，鳕鱼肉 30 克，鸡蛋 1 个，黄油 50 克，高汤 100 毫升

做法

❶ 大米洗净浸泡后，磨成米浆；土豆洗净切碎；鳕鱼蒸熟后剁碎；上海青洗净焯水，剁碎；鸡蛋取蛋黄。

❷ 煎锅放入黄油化开，先炒鳕鱼肉、土豆、上海青，再倒米浆和高汤小火熬煮，最后将蛋黄打散放进去，煮熟即可。

水果布丁

材料

鸡蛋 1 个，梨、橘子、苹果各 15 克，冲好的配方奶 200 毫升，食用油、青椒末各适量

做法

❶ 橘子剥皮取果肉榨汁；梨、苹果洗净去皮、去籽，捣碎；鸡蛋煮熟，取蛋黄。

❷ 将蛋黄和配方奶拌匀，再用纱布过滤，随后放入橘子汁、苹果和梨。

❸ 在模具里抹一点食用油，倒入做法②中的食材，用小火蒸熟，放入青椒末即可。

红豆燕麦牛奶粥

材料

燕麦 40 克，红豆 30 克，山药、牛奶、木瓜、白糖各适量

做法

1. 燕麦、红豆均洗净，泡发；山药、木瓜均去皮洗净，切丁。
2. 锅置火上，加入适量清水，放入燕麦、红豆、山药以大火煮开。
3. 再下入木瓜，倒入牛奶，待煮至粥呈浓稠状时，加入白糖拌匀即可。

专家点评

红豆具有良好的润肠通便作用。牛奶能帮助宝宝健康成长。山药具有滋养壮身、助消化、止泻的作用，可增强宝宝的免疫力。木瓜可辅助治疗消化不良、腹痛等症状。燕麦中富含大量的粗纤维，能促进消化，有益于肠道健康。

菠萝麦仁粥

材料

菠萝 30 克，麦仁 80 克，白糖 12 克，葱少许

做法

1. 菠萝去皮洗净，切块，浸泡在淡盐水中；麦仁泡发洗净；葱洗净，切花。
2. 锅置火上，注入清水，放入麦仁，用大火煮至熟，放入菠萝同煮。
3. 改用小火煮至粥浓稠，可闻到香味时，加入白糖调味，撒上葱花即可。

专家点评

麦仁富含的纤维能促进宝宝肠道的蠕动，帮助消化和排便，预防宝宝便秘。菠萝中的蛋白质分解酶可以分解蛋白质，能助消化；菠萝富含的维生素 B_1 能促进新陈代谢，消除疲劳感。这款粥是宝宝消化积食、促进其成长发育的不错选择。

南瓜虾米汤

材料

南瓜 400 克，虾米 20 克，葱花、食用油、盐各适量

做法

① 南瓜洗净，去皮切块。

② 锅中加食用油烧热后，放入南瓜块稍炒，加入虾米，再炒片刻。

③ 加水煮成汤，煮熟，加盐调味，撒入葱花即可。

专家点评

虾米富含多种矿物质元素，特别是钙含量很丰富，能够促进宝宝的骨骼发育，还可改善宝宝因缺钙而导致的生长迟滞、情绪不稳定、睡眠质量差等症状。虾米中还富含镁，能够保护宝宝的心血管系统。南瓜中含有丰富的类胡萝卜素，被人体吸收后可转化成具有重要生理功能的维生素 A，对维持视力、促进骨骼的发育具有重要作用；还能提高宝宝的免疫功能，促进细胞因子生成。这道汤对宝宝的健康大有益处。

蔬菜鸡肉麦片糊

材料

速溶麦片 50 克，白菜、鸡腹肉各适量，鸡骨高汤 100 毫升，盐适量

做法

1. 白菜洗净，撕成小片；鸡腹肉收拾干净，剁碎后加盐腌制入味。
2. 将白菜与鸡腹肉放入碗中抓匀，上蒸笼蒸熟，取出。
3. 将鸡骨高汤加热，加入速溶麦片，倒入蒸熟的白菜与鸡腹肉中，搅成糊即可。

专家点评

　　白菜含有丰富的粗纤维，能起到润肠、促进排毒的作用。鸡肉富含大量的蛋白质和维生素，能增强宝宝的食欲，促进宝宝的骨骼发育。麦片含有大量的膳食纤维，有助于宝宝排便，对宝宝肠胃的健康非常有益。

木瓜泥

材料

木瓜 200 克，白糖少许

做法

1. 木瓜洗净，切开去籽。
2. 用汤匙掏出果肉，放入研钵中，再用汤匙碾压成泥。
3. 加入白糖拌匀即可。

专家点评

　　木瓜是营养极其丰富的水果，制作好的木瓜泥中包含各种酶元素、维生素及矿物质，尤其是维生素 A、B 族维生素、维生素 C 及维生素 E 等含量非常丰富。同时，木瓜还能维持头皮和头发的健康，有利于骨骼和牙齿的健康生长。

牛奶玉米浆

材料

玉米粒 200 克，牛奶 100 毫升，白糖少许

做法

❶ 将玉米粒洗净。

❷ 将牛奶和洗净的玉米粒倒入豆浆机中，按下"米浆"键即可。

❸ 待牛奶玉米浆制作好后，倒入碗中，加少许白糖调味即可。

专家点评

　　玉米中含有大量的植物纤维，可以增加肠蠕动，防止便秘，还可以促进胆固醇的代谢，加速肠内毒素的排出。牛奶中含有丰富的优质蛋白、钙、磷、铁及维生素 A、维生素 B_1 等营养物质。此款米浆可以促进宝宝的生长发育，让宝宝既健康又聪明。

鸡骨高汤

材料

鸡胸骨 400 克，盐少许

做法

❶ 鸡胸骨洗净，用刀背稍打裂。

❷ 净锅倒入水，下鸡胸骨氽水去血渍，捞出洗净。

❸ 在瓦煲内倒入 500 毫升清水，放入鸡胸骨煮熟，过滤出汤汁，加盐调味，凉后刮出表面油脂即可。

专家点评

　　鸡骨含有人体必需的多种微量元素，且钙、磷的比例适中，煲成高汤后，更加易于宝宝对营养的吸收。过滤出的汤汁又去除了表面的油脂，宝宝喝起来就不会感觉油腻。

小米粥

材料

小米、玉米各 50 克，糯米 20 克，白糖少许

做法

1 将小米、玉米、糯米清洗干净。

2 将以上材料放入电饭煲内，加清水后开始煲粥，煲至粥黏稠时，倒出盛入碗内。

3 加白糖调味即可。

专家点评

　　小米含有多种维生素、氨基酸、脂肪、纤维素和碳水化合物，维生素 B_1 含量居所有粮食之首，含铁量很高，含磷也很丰富，有补血、健脑的作用。将小米搭配玉米和糯米一同熬粥，营养更加全面，非常适合宝宝食用。

小米红枣粥

材料

小米 100 克，红枣 20 克，蜂蜜适量

做法

1 红枣清洗干净，去核，切成碎末。

2 小米用清水清洗干净。

3 将小米加水煮开，加入红枣末熬煮成粥，关火后凉至温热，加入蜂蜜调匀即可。

专家点评

　　小米开胃又养胃，具有健胃消食、防止反胃和呕吐的功效。小米含有蛋白质、胡萝卜素和维生素 B_1、维生素 B_2，红枣富含维生素 C，二者搭配，是一种具有较高营养价值的滋补粥品，宝宝食用非常有益。

鳕鱼蘑菇粥

材料

大米 80 克，鳕鱼肉 50 克，蘑菇 20 克，青豆 20 克，枸杞子适量，盐、生姜丝各适量

做法

❶ 大米、青豆、蘑菇、枸杞子洗净；鳕鱼肉洗净，用盐腌制去腥。

❷ 锅置火上，放入大米，加适量清水煮至五成熟。

❸ 放入鳕鱼、青豆、蘑菇、生姜丝、枸杞子，煮至粥黏稠即可。

专家点评

　　蘑菇中维生素 D 的含量很丰富，有益于宝宝的骨骼发育，其还含有一种蛋白质，能阻止癌细胞合成，具有一定的抗癌作用。鳕鱼含有促进宝宝智力发育的营养素，食用后有益于宝宝的大脑健康发育。

小白菜胡萝卜粥

材料

小白菜 30 克，胡萝卜少许，大米 100 克

做法

❶ 小白菜洗净，切丝；胡萝卜洗净，切小块；大米洗净泡发。

❷ 锅置火上，注水后放入大米，用大火煮至米粒绽开。

❸ 再放入胡萝卜、小白菜，用小火煮至粥成即可。

专家点评

　　小白菜的含钙量较高，能够促进宝宝的骨骼生长，防止宝宝因缺钙而出现生长迟滞。胡萝卜富含维生素，并有轻微而持续发汗的作用，可刺激皮肤的新陈代谢，促进血液循环，从而使宝宝的皮肤细嫩光滑，肤色红润。

鳕鱼猪血粥

材料

大米80克，猪血、鳕鱼肉各30克，盐、枸杞子、生姜丝、葱花、料酒各少许

做法

1. 大米洗净后加水浸泡；猪血用料酒腌制，切块；鳕鱼肉洗净切小块，用盐腌制去腥；枸杞子洗净。
2. 锅置火上，放入大米，加适量清水煮至五成熟。
3. 放入鳕鱼肉、猪血、生姜丝、枸杞子煮至米粒绽开，依据个人口味撒上葱花即可。

专家点评

　　猪血中含铁量较高，而且是以血红素铁的形式存在，容易被人体吸收利用，宝宝适量吃些猪血，可以防治缺铁性贫血。鳕鱼不仅营养丰富，而且肉味甘美。

红枣鱼肉粥

材料

大米150克，红枣4颗，鱼肉50克，白糖、葱花各适量

做法

1. 大米浸泡半个小时，捞出沥干；红枣去核洗净，备用。
2. 鱼肉洗净，切小片，将鱼刺挑出。
3. 锅中加适量水，放入大米、鱼肉和红枣，先用大火煮沸，再转小火熬煮。
4. 米粥烂熟后下白糖稍煮，撒上葱花即可。

专家点评

　　红枣含有大量的铁、维生素C等营养素，有助于宝宝身体和大脑的发育，还可防治宝宝缺铁性贫血。大米米糠层的粗纤维分子有助于胃肠蠕动，对宝宝便秘有很好的疗效。鱼肉含有促进大脑发育的营养物质。

枣仁大米羹

材料

大米 100 克，酸枣仁 15 克，白糖适量

做法

❶ 将酸枣仁、大米分别洗净，备用；酸枣仁用刀切成碎末。

❷ 锅中倒入大米，加水煮至将熟，加入酸枣仁末，搅拌均匀，再煮片刻。

❸ 起锅前，加入白糖调味即可。

专家点评

　　本羹具有益气镇惊、安神定志的功效，对小儿惊风、夜闹啼哭等症状有很好的食疗效果。

百合大米粥

材料

大米 50 克，鲜百合 50 克，冰糖适量

做法

❶ 将大米洗净、泡发，备用。

❷ 将泡发的大米倒入砂锅内，加水适量，用大火煮沸后改小火煮 40 分钟。

❸ 煮至稠时，加入鲜百合，稍煮片刻，在起锅前加入冰糖即可。

专家点评

　　百合鲜品富含黏液质及维生素，对宝宝皮肤细胞的新陈代谢有益，还有利于清肺、润燥、止咳。大米本身就富含粗纤维以及蛋白质等，有助于宝宝消化，利于排便，还可以促进宝宝的血液循环，提高免疫力。二者搭配煮粥，是宝宝消化清热的佳品。

水梨汁

材料

水梨 250 克，葡萄糖适量

做法

① 水梨洗净削皮，去核后切小块。

② 水梨块放入搅拌机中，搅打过滤成汁。

③ 将开水、水梨汁倒进杯，加葡萄糖拌匀即可。

专家点评

　　水梨的汁水丰富，清热降火、润肺祛燥的功效较好，上火的宝宝适宜喝点水梨汁。加上水梨味道甘甜，口感较好，宝宝比较爱喝。适量的葡萄糖能够及时补充宝宝体内的糖分，还能直接参与体内的新陈代谢，是宝宝降火消食的佳品。

猕猴桃柳橙汁

材料

猕猴桃 2 个，柳橙 2 个，糖水 30 毫升

做法

① 将猕猴桃洗净，对切，挖出果肉；柳橙洗净，切成块。

② 将猕猴桃肉和柳橙块以及糖水放入榨汁机中，榨汁即可。

专家点评

　　猕猴桃含有膳食纤维和丰富的抗氧化物质，能够润燥通便，可帮助宝宝快速清除体内堆积的有害代谢产物，防治大便秘结。柳橙含有丰富的膳食纤维、维生素 A、B 族维生素、维生素 C、磷、苹果酸等，可以增强人体免疫力。猕猴桃和柳橙一起榨汁，能促进宝宝消化和吸收，增强宝宝的身体免疫力。

白萝卜梨汁

材料

白萝卜半个，梨半个

做法

1. 将白萝卜和梨清洗干净，白萝卜切丝，梨切薄片。
2. 将白萝卜倒入锅中，加适量清水煮开，用小火煮 10 分钟，放入梨片再煮 5 分钟，取汁即可。

专家点评

　　白萝卜富含蛋白质、维生素 C、铁冬素等营养成分，具有止咳润肺、帮助消化等保健作用。梨含有一定量的蛋白质、脂肪、胡萝卜素、维生素 B_1、维生素 B_2 及苹果酸等营养成分，不仅可以帮助宝宝补充维生素和矿物质，同时对咳嗽也有辅助治疗作用。

鲜橙奶露

材料

鲜橙 30 克，牛奶适量，蜂蜜少许

做法

1. 将鲜橙洗干净，剥皮，再把内皮剥去，然后将果肉放入容器内研碎。
2. 食用时加入牛奶、蜂蜜搅拌均匀，使其有淡淡的奶味及酸味即可。

专家点评

　　鲜橙奶露酸甜可口，是宝宝补充维生素 C 的不错选择。牛奶中含有丰富的钙质，是人体补充钙的最佳来源。橙子含有丰富的铁和维生素 C，可以改善人体对铁、钙和叶酸的消化和利用，还可以预防缺铁性贫血，促进宝宝牙齿和骨骼的生长，增强宝宝的免疫力。

猕猴桃汁

材料

猕猴桃 3 个，柠檬半个

做法

① 猕猴桃洗净去皮，每个切成 4 块。

② 柠檬、猕猴桃放入果汁机中，搅打均匀。

③ 把搅打好的果汁倒入杯中即可。

专家点评

　　猕猴桃美味可口，营养丰富，被人们称为"超级水果"。猕猴桃肉肥汁多、清香鲜美，它除了含有丰富的维生素 C、维生素 A、维生素 E 以及钾、镁、纤维素之外，还含有其他水果比较少见的营养成分——叶酸、胡萝卜素、钙、黄体素、氨基酸、天然肌醇。宝宝适量食用，可强化免疫系统，促进伤口愈合和对铁质的吸收。

鲜橙汁

材料

鲜橙 1 个

做法

① 将鲜橙用水洗净，切成小瓣，去皮去核，取出果肉备用。

② 将果肉倒入果汁机中，搅打成汁即可。

专家点评

　　鲜橙汁味甜而香，并且含有大量维生素 C，营养价值很高。宝宝饮用鲜橙汁可以增强身体免疫力，促进大脑发育。橙子中含量丰富的维生素 C、维生素 P，能增强机体抵抗力，增强毛细血管的弹性。

第三章

10 ～ 12 个月
宝宝这样吃

　　10 ～ 12 个月的宝宝，爸爸妈妈可以为他们制作一些稀饭、馒头、饼干及肉末、碎菜和水果等辅食，丰富食物种类。还可以适当增加宝宝的食量，每日喂食 2 ～ 3 次辅食，代替 1 ～ 2 次母乳，以补充宝宝身体发育所需的多种营养素。

雪里蕻炒花生

材料

花生仁 200 克，雪里蕻 150 克，红甜椒 25 克，生姜、鲜汤、葱花、香油、盐、食用油各适量

做法

❶ 红甜椒洗净切片；生姜洗净切末；剩余食材洗净；雪里蕻用开水焯烫，放凉后切碎；花生仁煮烂。

❷ 锅中放食用油烧热，放红甜椒片、生姜末、雪里蕻末煸香，加盐、花生仁、鲜汤煮沸，焖至汤浓，淋香油，撒葱花即可。

龙须菜炒虾仁

材料

龙须菜 300 克，虾仁 150 克，盐、食用油各适量

做法

❶ 龙须菜择去老叶，洗净；虾仁洗净备用。

❷ 锅中加水和少许油煮沸，下入龙须菜稍烫后捞出。

❸ 原锅加油烧热，下入虾仁爆香后，加入龙须菜及盐稍炒即可。

清炒龙须菜

材料

龙须菜 400 克，盐、食用油、水淀粉各适量

做法

❶ 龙须菜切去尾部，清洗干净后切段。

❷ 锅中加水煮沸，下入龙须菜焯烫片刻，捞出沥干水分。

❸ 锅中倒入少许油，下入龙须菜翻炒至熟，放入盐炒匀，再用水淀粉勾芡即可。

蔬菜西红柿汤

材料

小白菜 30 克，西红柿 20 克，食用油、盐各适量

做法

❶ 将小白菜洗净，切小片；西红柿洗净，切成条。

❷ 锅中加 1000 毫升水，开中火，待水沸后，将食用油及处理好的小白菜、西红柿放入，待再沸后，加盐调味即可。

西红柿牛肉汤

材料

西红柿 1 个，嫩牛肉 150 克，清汤适量，葱、生姜、盐、香菜末、食用油各少许

做法

❶ 西红柿洗净去皮，切块；牛肉洗净，切薄片；生姜洗净，切片；葱洗净，切末。

❷ 锅内放油，烧至四五成热时，放入生姜片炝锅，倒入清汤，用大火煮沸。

❸ 加入西红柿、牛肉、葱末，中火煮开后，调入盐，至肉熟透，撒入香菜末即可。

西红柿豆芽汤

材料

西红柿半个，黄豆芽 20 克，盐少许

做法

❶ 将西红柿洗净，切块状。

❷ 将黄豆芽洗净。

❸ 待锅内水开后，先加入西红柿熬煮，再加入黄豆芽煮至熟，加入盐调味即可。

西蓝花虾仁粥

材料

大米15克,虾仁3只,西蓝花、胡萝卜各10克,高汤90毫升,香油、芝麻盐各少许

做法

❶ 大米洗净泡好磨碎;虾仁洗净剁碎。

❷ 西蓝花洗净,焯烫剁碎;胡萝卜洗净,去皮剁碎。

❸ 高汤入锅,倒入大米稍煮,再放西蓝花、胡萝卜和虾仁,最后放香油和芝麻盐拌匀即可。

专家点评

虾仁营养丰富,且肉质松软,易消化,能增强宝宝的体力和免疫力。西蓝花的维生素C含量极高,能提高宝宝的免疫力,促进肝脏解毒,增强抵抗力。

菠萝包菜稀粥

材料

大米10克,菠萝15克,包菜10克,香菜末少许

做法

❶ 把大米洗净泡好磨碎,再加水熬成米粥。

❷ 菠萝和包菜洗净后磨碎。

❸ 将磨碎的菠萝和包菜碎倒入米粥中,再熬煮片刻,撒上香菜末即可。

专家点评

菠萝中丰富的B族维生素能有效地滋养宝宝的肌肤,防止皮肤干裂,还可滋养头发,并消除身体的紧张感,增强机体免疫力。包菜中富含的钙质能够很好地被宝宝吸收,可满足宝宝骨骼生长的需要,促进宝宝更加健康地生长发育。

雪里蕻拌黄豆

材料

雪里蕻 350 克，黄豆 100 克，盐、鸡精、香油各适量

做法

❶ 雪里蕻洗净，切碎；黄豆用冷水浸泡。

❷ 将雪里蕻和黄豆放入沸水锅中焯水至熟，装盘。

❸ 加入香油、盐和鸡精，将雪里蕻和黄豆搅拌均匀即可。

专家点评

　　雪里蕻含有丰富的胡萝卜素、纤维素及维生素 C 和钙，对宝宝生长发育、维持生理功能有很大帮助。黄豆富含各种营养成分，且易被人体吸收。二者搭配制作菜肴，其中含有的不饱和脂肪酸和矿物质，不仅能给宝宝提供多种营养，还能促进宝宝的大脑发育。

白果炒上海青

材料

上海青 200 克，白果 50 克，盐、鸡精、水淀粉、食用油各适量

做法

❶ 上海青清洗干净，对半剖开；白果清洗干净，入沸水锅中焯水，捞起沥干，备用。

❷ 炒锅注油烧热，放入上海青略炒，再加入白果翻炒。

❸ 加少量水煮开，待水烧干时，加盐和鸡精调味，用水淀粉勾芡即可。

专家点评

　　上海青能清热解毒、润肠通便以及促进血液循环。白果可以扩张微血管，促进血液循环，使人肌肤、面部红润，精神焕发。两者搭配制作的菜肴脆软清爽，可以增强宝宝的食欲，改善宝宝的胃口。

土豆洋葱牛肉粥

材料
大米饭 150 克，牛肉 50 克，菠菜 30 克，土豆、胡萝卜、洋葱各 20 克，盐少许

做法
1. 牛肉洗净切片；菠菜洗净切碎；土豆去皮，洗净切块；胡萝卜洗净切丁；洋葱洗净切丝。
2. 大米饭入锅，加适量开水，下入牛肉、土豆、胡萝卜、洋葱，转中火熬至粥将成。
3. 放入菠菜，待粥熬出香味，加入少许盐拌匀即可。

专家点评
　　土豆能促进宝宝的肠胃蠕动，对宝宝的新陈代谢有很好的作用。牛肉可以很好地预防宝宝因缺铁而引起的贫血。洋葱对宝宝的皮肤很有好处，能够使皮肤红润水嫩而有弹性。

青菜甜椒瘦肉粥

材料
甜椒半个，青菜 30 克，猪瘦肉 100 克，大米 80 克，盐少许

做法
1. 甜椒、猪瘦肉、青菜洗净剁碎；大米洗净浸泡半个小时，捞出沥干水分。
2. 锅中注水，下入大米，大火煮开，改中火，下入猪瘦肉，煮至熟透。
3. 放入青菜和甜椒，慢熬成粥，加入盐调味即可。

专家点评
　　青菜中含有的粗纤维可促进大肠蠕动，增加大肠内毒素的排出。猪瘦肉的加入，又会使粥味鲜浓，能刺激人体胃液分泌，增进宝宝的食欲。甜椒中富含维生素 C，能够促进宝宝的生长发育。

绿豆芽拌豆腐

材料

绿豆芽 20 克，豆腐 70 克，小葱适量

做法

①将新鲜的绿豆芽和小葱切成碎末，在沸水中焯熟备用。

②将豆腐洗净切块，用开水烫一下，放入碗中，并用勺研成豆腐泥，将绿豆芽、小葱、豆腐混合拌匀即可。

专家点评

豆腐可提高人的记忆力和精神集中力，还有增加营养、帮助消化、增进食欲的功能，对牙齿、骨骼的生长发育也颇为有益，在造血功能中可增加血液中铁的含量。绿豆芽中含有的纤维素，能够促进宝宝的肠胃蠕动，帮助宝宝顺利排便，防治便秘。此外，绿豆芽可清热解毒、利尿除湿，宝宝吃奶容易上火，加上夏天天气干燥，所以本菜特别适合宝宝在夏天食用。

海带蛤蜊排骨汤

材料

海带结 100 克，蛤蜊 200 克，排骨 150 克，胡萝卜半根，生姜 1 块，盐适量

做法

1. 蛤蜊泡盐水中，待其吐沙后，洗净沥干。
2. 排骨氽烫，捞出冲净；海带结洗净；胡萝卜削皮，洗净切块；生姜洗净，切片。
3. 排骨、生姜、胡萝卜入锅，加水煮沸，转小火炖约半个小时，下海带结炖 15 分钟。
4. 待排骨熟烂后，转大火，倒入蛤蜊，待蛤蜊开口，加盐调味即可。

专家点评

　　海带含有对造血组织功能有促进作用的碘、锌、铜等活性成分。排骨是维生素 B_{12} 的重要来源，而维生素 B_{12} 可增强记忆力，消除不安情绪。

胡萝卜鸡心汤

材料

鸡心 300 克，胡萝卜 50 克，葱、盐各适量

做法

1. 鸡心入开水中氽烫，捞出备用；葱洗净，切段。
2. 胡萝卜削皮洗净，切成花瓣状。
3. 锅中加 1000 毫升水，放入胡萝卜片，以中火煮至剩 600 毫升水，加鸡心煮沸，下葱段、盐调味即可。

专家点评

　　营养丰富的胡萝卜和鸡心，使得本汤具有益气镇惊、安神定志的功效，对患抽风以及夜间易惊醒的宝宝有良好的食疗作用。

木耳菜蛋汤

材料

鸡蛋2个，木耳菜50克，水发黑木耳10克，胡萝卜25克，食用油、高汤、盐各适量

做法

❶ 鸡蛋打散；胡萝卜洗净去皮切片；木耳菜洗净；水发黑木耳洗净撕成小片。

❷ 油锅烧热，倒入鸡蛋液，煎至两面金黄后取出。

❸ 原锅倒入高汤，放胡萝卜、黑木耳、鸡蛋，大火煮约10分钟，加盐调味，再加木耳菜煮沸即可。

专家点评

　　鸡蛋对神经系统和身体发育有很大的作用，可增强宝宝的记忆力、代谢功能和免疫力。木耳菜中含有的矿物质元素和维生素也能够被人体吸收，对宝宝的健康很有帮助。

冬瓜薏米煲鸭

材料

冬瓜100克，鸭半只，红枣、薏米各少许，盐、香油、生姜、食用油各适量

做法

❶ 冬瓜洗净切块；鸭收拾干净，斩块；生姜去皮洗净，切片；红枣、薏米洗净。

❷ 净锅上火，放入油烧热，爆香生姜片，加入清水煮沸，下鸭焯烫后捞起。

❸ 鸭转入砂钵内，放红枣、薏米煮开，放冬瓜煲至熟，调入盐，淋入香油即可。

专家点评

　　鸭肉能够很好地补充宝宝成长所需的各种营养。红枣能够满足宝宝骨骼发育所需的营养，还可在一定程度上预防缺铁性贫血。冬瓜能够促进宝宝的肠胃蠕动，使宝宝体内的残留物能够尽快排泄出去。

牛肉嫩豆腐粥

材料

大米、嫩豆腐各15克，牛肉20克，南瓜10克，香油、芝麻盐各少许，高汤90毫升

做法

❶ 大米洗净浸泡后，磨成米浆；牛肉、南瓜洗净剁碎，备用。

❷ 在米浆里倒入高汤熬煮，再放入牛肉和南瓜煮熟。

❸ 最后加嫩豆腐煮沸，淋上少许香油，撒上芝麻盐即可。

金针菇牛肉汤饭

材料

软饭50克，牛肉30克，金针菇、南瓜各10克，洋葱5克，牛骨汤200毫升，香油、芝麻盐、生姜各适量

做法

❶ 牛肉洗净剁碎，加香油、芝麻盐搅拌；金针菇去根部，洗净剁碎；南瓜、洋葱洗净剁碎；生姜洗净，切菱形片。

❷ 牛骨汤加入除生姜以外的所有食材，略煮，最后放入软饭煮烂，放生姜片即可。

洋菇蔬菜粥

材料

软饭50克，包菜20克，洋菇、豌豆各10克，高汤100毫升，胡萝卜丝少许

做法

❶ 将洋菇去皮洗净，焯烫后剁碎；包菜洗净，切碎；豌豆洗净煮熟，去皮，剁碎。

❷ 高汤里加入软饭、豌豆，等到饭熟了再放洋菇，最后放包菜煮至全熟，撒上胡萝卜丝即可。

飘香鱼煲

材料

鲇鱼 1 条，豆腐 125 克，小白菜 75 克，香菇
40 克，盐、枸杞子各适量

做法

❶ 将鲇鱼收拾干净，斩块；豆腐清洗干净，
切块；小白菜洗净切段；香菇洗净撕成块
备用；枸杞子洗净。

❷ 净锅上火倒入水，调入盐，下入鲇鱼、豆腐、
小白菜、香菇煲至熟即可。

橘子稀粥

材料

大米 100 克，新鲜橘子 30 克

做法

❶ 橘子剥皮，然后捣碎榨汁，稍微加热；大
米洗净后，入水浸泡，入锅，加 800 毫升
温水熬煮。

❷ 粥熬煮好后，将橘子汁用纱布过滤后倒入
粥中，搅拌均匀即可。

牛肝丸子汤

材料

牛肝 30 克，胡萝卜碎、洋葱碎各 10 克，吐
司 1/4 片，鸡蛋 1 个，面粉少许，葱花适量，
高汤 200 毫升

做法

❶ 将牛肝洗净，煮熟后捞出剁碎；吐司切碎；
鸡蛋磕破，取 1/3 蛋黄打散。

❷ 将牛肝、萝卜碎、洋葱碎、吐司一起捏成
丸子，裹上面粉和蛋黄。

❸ 高汤煮沸，放丸子煮至熟，加葱花即可。

葡萄汁米糊

材料

葡萄 100 克，米糊 60 克

做法

❶ 将葡萄洗净放在碗内，加入热开水没过葡萄，浸泡 2 分钟后，捞出沥干水分。

❷ 将葡萄去皮去籽。

❸ 用研磨器将葡萄磨成泥，过滤出葡萄汁，再和米糊拌匀即可。

专家点评

　　葡萄中的糖主要是葡萄糖，能很快被宝宝吸收。此外，葡萄中含有多种无机盐、维生素以及多种营养物质。葡萄含钾量也相当丰富，钾具有开胃健脾、助消化、提神等功效，还具有强健身体、通利小便的作用。宝宝适量食用本米糊对健康十分有益。

包菜稀粥

材料

大米 10 克，包菜 20 克

做法

❶ 把大米洗净磨碎，加适量水熬成米粥。

❷ 包菜洗净后磨成泥。

❸ 在米粥里放进包菜泥，再熬煮片刻即可。

专家点评

　　包菜含有维生素 B_1、维生素 A、维生素 C、维生素 D、维生素 E、钙等成分，能够促进宝宝的血液循环，还具有消炎、杀菌的作用。包菜中的膳食纤维含量也很高，能促进宝宝肠胃的蠕动，快速排出体内垃圾。

芡实莲子薏米汤

材料

芡实、薏米、莲子各 50 克，茯苓、山药各 30 克，猪小肠 200 克，肉豆蔻 10 克，盐适量

做法

❶ 将猪小肠洗净，入沸水汆烫，剪成小段。

❷ 芡实、茯苓、山药、莲子、薏米、肉豆蔻洗净，与猪小肠一起放入锅中。

❸ 加水以大火煮沸，转小火炖煮至材料熟烂后，加入盐调味即可。

专家点评

本汤具有温补脾阳、固肾止泻的功效，适合慢性小儿腹泻患者食用。

莴笋丸子汤

材料

猪肉 300 克，莴笋 200 克，盐、淀粉、香油各适量

做法

❶ 猪肉清洗干净，剁成泥状；莴笋去皮洗净切丝。

❷ 猪肉加淀粉、盐搅匀，捏成肉丸子；锅中注水煮开，放入莴笋、肉丸子煮滚。

❸ 加入盐，煮至肉丸浮起，淋上香油即可。

专家点评

莴笋口感清新且略带苦味，可刺激消化酶分泌，增进宝宝的食欲。其乳状浆液，可增强胃液、消化腺和胆汁的分泌，从而增强宝宝各消化器官的功能。猪肉中含有维生素 B_1，这对促进宝宝的血液循环以及快速消除身体疲劳、增强体质，都有重要的作用。

香菇黄豆芽猪尾汤

材料

猪尾 220 克，水发香菇 100 克，胡萝卜 35 克，黄豆芽 30 克，盐适量

做法

❶ 将猪尾清洗干净，斩段汆水；水发香菇清洗干净，切片。

❷ 胡萝卜去皮，清洗干净后切成块状；黄豆芽清洗干净，备用。

❸ 锅置火上，倒入水，调入盐，下入猪尾、水发香菇、胡萝卜、黄豆芽煲至熟即可。

专家点评

黄豆芽含有丰富的维生素，可让宝宝的头发乌黑光亮。猪尾含有较多的蛋白质，其主要成分是胶原蛋白，是皮肤组织不可或缺的营养成分。黄豆芽搭配猪尾以及香菇、胡萝卜做汤，能补充宝宝所需的多种营养，强健宝宝身体。

老鸭莴笋枸杞煲

材料

莴笋 250 克，老鸭 150 克，枸杞子 10 克，盐、生姜丝、蒜末各少许

做法

❶ 将莴笋去皮洗净切块；老鸭洗净，斩块，汆水；枸杞子洗净备用。

❷ 煲锅上火倒入水，加盐、生姜丝、蒜末，下入莴笋、老鸭、枸杞子，煲至熟即可。

专家点评

鸭肉含有丰富的蛋白质，能够促使宝宝健康地生长发育。枸杞子中的维生素 C 含量比橙子还高，β－胡萝卜素含量比胡萝卜还高，铁含量比牛排还高，既可增强宝宝免疫力，还可预防缺铁性贫血，对宝宝眼睛的发育也有极大的好处。莴笋中的纤维素可以促进消化，有利于宝宝的肠胃健康。

莴笋笔管鱼汤

材料

笔管鱼 200 克，莴笋 120 克，食用油、盐、枸杞子各适量

做法

① 笔管鱼洗净，切圈；莴笋去皮洗净切丝。

② 炒锅上火倒入食用油，下入莴笋略炒，倒入水，调入盐，下入笔管鱼、枸杞子煲至熟即可。

专家点评

　　莴笋含有多种维生素和矿物质，具有调节神经系统功能的作用，其所含的有机化合物中富含人体可吸收的铁元素，对缺铁性贫血患者十分有益。莴笋还含有大量植物纤维素，能促进肠壁蠕动，通利消化道，帮助大便排泄，可用于治疗各种便秘。笔管鱼含有蛋白质、脂肪、维生素 A、维生素 D 以及矿物质等营养成分，是上等海味补品。此外，笔管鱼可以帮助宝宝消炎退热、润肺滋阴。

草菇竹荪汤

材料

草菇 50 克，竹荪 100 克，上海青、盐、食用油各适量

做法

❶ 草菇洗净，用温水焯过之后待用；竹荪洗净；上海青洗净。

❷ 锅置火上，注油烧热，放入草菇略炒，注入水煮至沸时，下入竹荪、上海青。

❸ 再沸时，加入盐调味即可。

黄豆芽骶骨汤

材料

黄豆芽 200 克，猪骶尾骨 100 克，西红柿 1 个，盐适量，党参 5 克

做法

❶ 猪骶尾骨切段，汆烫，冲洗干净。

❷ 黄豆芽洗净；西红柿清洗干净，切块；党参洗净。

❸ 猪骶尾骨、黄豆芽、党参、西红柿放入锅中，加水以大火煮开，转用小火炖半个小时，加盐调味即可。

草菇鱼头汤

材料

鲢鱼头半个，草菇 75 克，生姜片、香菜末、盐各适量

做法

❶ 将鲢鱼头洗净斩块，用部分生姜片、盐腌制片刻；草菇去根洗净备用。

❷ 净锅上火倒入水，调入剩余盐、生姜片，再下入鲢鱼头、草菇煲至熟，撒上香菜末即可。

虾仁海带汤

材料

虾仁 5 个，海带 10 克，洋葱 30 克，香油少许，高汤 170 毫升

做法

❶ 海带用水洗净后，切成 1 厘米见方的小块。

❷ 虾仁和洋葱洗净后剁碎。

❸ 平底锅中放入少许香油，放入海带、虾仁、洋葱翻炒，再加入高汤煮至熟即可。

双色蒸水蛋

材料

鸡蛋 4 个，菠菜、盐各适量

做法

❶ 将菠菜清洗干净后切碎。

❷ 取碗，用盐将菠菜腌制片刻，用力揉搓至出水，再将菠菜叶中的汁水挤干净。

❸ 鸡蛋打入碗中，加盐拌匀，再分别倒入鸳鸯锅的两边，在锅一侧放入菠菜叶，入锅蒸熟即可。

上海青炒虾仁

材料

虾仁 30 克，上海青 100 克，葱丝、生姜丝、盐、食用油各少许

做法

❶ 将上海青清洗干净后切成段，用沸水焯一下，备用。

❷ 虾仁洗净，除去虾线，用水浸泡片刻。

❸ 油锅上火，爆香葱丝、生姜丝，下入虾仁翻炒。

❹ 下入上海青，炒熟后，加盐调味即可。

金针菇鸡丝汤

材料

鸡胸肉 200 克，金针菇 150 克，黄瓜 20 克，高汤、枸杞子、盐各适量

做法

① 将鸡胸肉清洗干净切丝；金针菇清洗干净切段；黄瓜清洗干净切丝备用。

② 汤锅置火上，倒入高汤，调入盐，下入鸡胸肉、金针菇、枸杞子煮熟，撒入黄瓜丝即可。

专家点评

金针菇富含多种营养成分，其中锌的含量尤为丰富，可促进宝宝的生长发育。鸡胸肉中蛋白质含量较高，且易被人体吸收利用，还含有对宝宝生长发育有重要作用的磷脂类，有温中益气、补虚填精、健脾胃、活血管、强筋骨的功效。

平菇虾米鸡丝汤

材料

鸡胸肉 200 克，平菇 45 克，虾米 5 克，高汤适量，盐、葱花各少许

做法

① 将鸡胸肉清洗干净切丝，氽水；平菇清洗干净撕成条；虾米清洗干净，稍泡备用。

② 净锅上火，倒入高汤，下入鸡胸肉、平菇、虾米煮开，调入盐煮至熟，撒上葱花即可。

专家点评

鸡胸肉含有大量易被人体吸收利用的蛋白质及对人体生长发育有重要作用的卵磷脂。平菇含有多种维生素和矿物质，可改善体质，加快新陈代谢。虾米含有丰富的蛋白质和矿物质，可以为宝宝提供充足的钙质，促进其骨骼和牙齿发育。

猪肝鱼肉汤

材料
鳜鱼 300 克，猪肝 150 克，枸杞子 10 克，盐少许，高汤适量，香菜少许

做法
❶ 将鳜鱼洗干净切块；猪肝洗净切成大片；枸杞子洗净。

❷ 锅上火，下入高汤、鳜鱼、猪肝、枸杞子，调入盐，用小火煲至熟，撒入香菜（依据个人口味添加）即可。

专家点评
　　猪肝含有丰富的铁、磷，是造血不可缺少的原料。猪肝中还富含蛋白质、卵磷脂和矿物质元素，有利于宝宝的智力和身体发育。此外，猪肝中含有的丰富的维生素 A，具有维持身体正常生长和生殖功能的作用，能够保护宝宝的眼睛。

菠萝鲤鱼煲

材料
鲤鱼肉 200 克，豆腐 100 克，菠萝肉 50 克，食用油、高汤、香菜段、盐、生姜片各适量

做法
❶ 将鲤鱼肉洗净，斩块；豆腐洗净切块；菠萝肉切块备用。

❷ 净锅上火，倒入油，将生姜片爆香，下入鲤鱼略炒。

❸ 倒入高汤，下入豆腐、菠萝，调入盐，煲至熟，撒上香菜段即可。

专家点评
　　菠萝中大量的蛋白酶和膳食纤维能够帮助人体消化，还能带走肠道内多余的脂肪及其他有害物质，对宝宝消化积食、通便排毒有很好的食疗效果。菠萝和鲤鱼同煲成汤，还可增强宝宝的免疫力。

苹果草鱼汤

材料

草鱼肉 200 克，苹果 50 克，桂圆 50 克，盐、生姜末、食用油、高汤各适量

做法

❶ 将草鱼肉洗净切块；苹果洗净，去皮，去核，切块；桂圆洗净备用。

❷ 净锅上火，倒入食用油，将生姜末爆香，下入草鱼微煎。

❸ 倒入高汤，调入盐，再下入苹果、桂圆煲至熟即可。

专家点评

　　草鱼富含不饱合脂肪酸和维生素 A，可促进血液循环、提高眼睛的抵抗力和预防夜盲症。苹果含有丰富的锌元素，而锌是人体内许多重要酶的组成部分，是促进宝宝生长发育、增强宝宝记忆力的关键元素。

虾仁鱼片汤

材料

草鱼肉 150 克，虾仁 50 克，上海青 30 克，食用油、生姜片、枸杞子、盐、淀粉各适量

做法

❶ 将草鱼洗净切片；虾仁洗净用淀粉腌制；上海青洗净备用。

❷ 锅上火入油，将生姜片爆香，倒水，下鱼片、虾仁、上海青、枸杞子，调入盐，煮熟即可。

专家点评

　　虾仁能够促进宝宝身体的正常发育，同时提升免疫力。上海青能促进宝宝的肠道蠕动，缩短粪便在肠腔停留的时间，从而防止宝宝便秘。草鱼中含有的营养元素，能够满足宝宝成长的需要。这道汤是促进宝宝健康成长的重要辅食之一。

白菜鲤鱼猪肉汤

材料

白菜叶 200 克，鲤鱼 175 克，猪肉、猪骨汤、枸杞子、盐、生姜片各适量

做法

❶ 将白菜叶洗净切块；鲤鱼收拾干净切片；猪肉洗净切片备用；花椒、枸杞子洗净。

❷ 净锅上火，倒入猪骨汤，加盐、生姜片、枸杞子，下入鲤鱼、猪肉煮开，撇去浮沫，再下入白菜叶，煲至熟即可。

专家点评

猪肉营养丰富，蛋白质和胆固醇含量高，还富含维生素 B_1 和锌等，可促进宝宝智力的提高。白菜中所含的丰富粗纤维能促进肠壁蠕动，稀释肠道毒素，常食可增强宝宝的抵抗力。鲤鱼中含有多种营养元素，能够满足宝宝生长发育的需要。

苋菜鱼片汤

材料

鳜鱼 300 克，苋菜 100 克，淀粉 5 克，高汤、枸杞子、生姜末、盐各适量

做法

❶ 将鳜鱼收拾干净去骨，鱼肉切成大片，加淀粉抓匀；苋菜洗净切段备用。

❷ 锅上火，倒入高汤，加入生姜末、盐，下入鳜鱼、苋菜、枸杞子，煲至熟即可。

专家点评

鳜鱼含有蛋白质、脂肪、维生素、钙、钾、镁、硒等营养元素，肉质细嫩，极易消化。对宝宝来说，吃鳜鱼既能补虚，又不必担心消化困难。苋菜富含蛋白质、脂肪、糖类及多种维生素和矿物质，其所含的蛋白质比牛奶更能被人体充分吸收，可为人体提供丰富的营养物质，有利于提高宝宝的免疫力。

洋葱豆腐粥

材料
大米 120 克，豆腐、猪肉各 50 克，青菜 30 克，洋葱 40 克，虾米 20 克，盐少许

做法
❶ 豆腐洗净切块；猪肉、青菜分别洗净切碎；洋葱洗净切条；虾米、大米洗净。

❷ 锅中注水，下入大米大火煮开，改中火，下入猪肉、虾米、洋葱，煮至虾米变红。

❸ 改小火，放入豆腐、青菜，熬至粥成，加入少许盐搅匀即可。

专家点评
　　豆腐可以增进食欲，对牙齿、骨骼的生长发育颇为有益。洋葱含有大量的营养元素，具有健胃消食的作用，其含有的特殊营养素还可以预防癌症。宝宝食用这道粥，可以更加健康茁壮地成长。

牛肉菠菜粥

材料
牛肉 80 克，菠菜 30 克，红枣 25 克，大米 120 克，生姜丝 3 克

做法
❶ 菠菜洗净切碎；红枣洗净去核，对切；大米淘净，浸泡；牛肉洗净，切片。

❷ 锅中加适量清水，下入大米、红枣、生姜丝，大火煮开，下入牛肉，转中火熬煮。

❸ 下入菠菜熬煮成粥即可。

专家点评
　　牛肉富含蛋白质，能够增强宝宝的抵抗力。菠菜含有丰富的维生素 C、胡萝卜素、蛋白质以及铁、钙、磷等矿物质，能激活宝宝的大脑功能。这道粥能激发宝宝的食欲，满足宝宝快速生长的营养需求。

玉米红薯粥

材料

红薯 100 克，玉米粒 20 克，大米 80 克，盐、葱花各少许

做法

❶ 大米洗净浸泡半个小时；红薯洗净去皮，切块；玉米粒洗净，剁末。

❷ 锅置火上，注入清水，放入大米、玉米末、红薯煮沸。

❸ 待粥成，加入盐调味，撒上葱花即可。

专家点评

这道粥有健脾养胃之功效，可为宝宝补充生长所需的各种营养。其中，红薯含有膳食纤维、胡萝卜素、维生素 A、维生素 C，以及钾、铁、铜、钙等多种矿物质，营养价值很高，被营养学家们称为营养最均衡的保健食品。玉米有促进细胞分裂、降低胆固醇的作用。

佛手薏米粥

材料

红枣、薏米各 20 克，佛手 15 克，大米 70 克，白糖、葱各适量

做法

❶ 大米、薏米均泡发，洗净；红枣洗净，去核，切成小块；葱洗净，切成葱花；佛手洗净，切碎备用。

❷ 锅置火上，倒入清水，放入大米、薏米、佛手，以大火煮开。

❸ 加入红枣煮至浓稠状，撒上葱花，加入白糖拌匀即可。

专家点评

此粥具有促进新陈代谢、减少肠胃负担的功效，可缓解小儿疳积等症状。

虾米炒白菜

材料

白菜心300克，虾米15克，香菜梗20克，醋、白糖、盐、水淀粉、香油、生姜丝、葱末、高汤、红椒圈、食用油各适量

做法

❶ 白菜去叶，洗净切块；虾米洗净泡发。

❷ 油锅烧热，放香菜梗、虾米、姜丝、葱末、白菜、红椒圈煸炒，加醋稍烹，放白糖，添少许高汤，加盐稍煨。

❸ 用水淀粉勾芡，淋入香油，出锅即可。

白菜香菇炒山药

材料

白菜250克，山药100克，香菇、青椒、红椒各40克，盐、酱油、食用油各适量

做法

❶ 白菜洗净，切条；香菇泡发，洗净切丝；山药去皮，洗净，切丝；青椒、红椒洗净，去籽，切丝。

❷ 锅中倒油烧热，下香菇和山药翻炒，加入白菜和青椒丝、红椒丝炒熟。

❸ 最后加盐、酱油炒匀即可。

山药炒虾仁

材料

腌虾仁300克，熟山药丝200克，青椒丝、红椒丝、葱白粒各50克，盐、淀粉、食用油各适量

做法

❶ 锅置火上，倒入食用油，放入葱白粒、红椒丝、虾仁、青椒丝、山药丝翻炒均匀。

❷ 加入盐，用淀粉勾芡，出锅装盘即可。

胡萝卜炒蛋

材料

鸡蛋2个，胡萝卜100克，盐、香油各适量

做法

❶ 胡萝卜清洗干净，削皮切细末；鸡蛋磕入碗中，搅打均匀备用。

❷ 香油入锅烧热，放入胡萝卜末炒约1分钟。

❸ 加入蛋液，炒至半凝固时转小火炒熟，加盐调味即可。

蒸鱼肉豆腐

材料

鸡蛋1个，白肉鲜鱼、豆腐各20克，洋葱5克，海带汤、青甜椒末各适量

做法

❶ 白肉鲜鱼洗净，蒸好后，去除鱼刺，磨碎；豆腐洗净，焯烫一下，切成小丁；洋葱洗净，剁碎。

❷ 鸡蛋取蛋黄，打散，放入海带汤、鱼肉、豆腐和洋葱拌匀，最后放入蒸笼里蒸熟，撒上青甜椒末即可。

香葱煎鲇鱼

材料

鲇鱼300克，食用油、盐、酱油、淀粉、葱丝、红椒丝各少许

做法

❶ 鲇鱼洗净斩块，汆水，抹上盐、酱油腌半个小时，用淀粉轻拍鲇鱼表面。

❷ 炒锅中注入油，烧至七成热，将鲇鱼入油锅略炸1分钟，捞出控油。

❸ 原油锅烧热，放鲇鱼用小火煎至金黄色，起锅装盘，撒红椒丝、葱丝即可。

西蓝花米糊

材料

西蓝花 50 克，米糊 100 克

做法

❶ 将西蓝花洗净，放入开水中煮至软烂，取出后用勺子碾碎。

❷ 将西蓝花碎末放入已经煮好的米糊中，搅拌均匀即可。

专家点评

　　西蓝花含有蛋白质、碳水化合物、脂肪、维生素 C、胡萝卜素以及钙、磷、铁、钾、锌等多种营养素。米糊香气释放充分，可增进感官享受，促进宝宝的食欲。这道米糊可以给宝宝补充生长发育所需的各种营养，帮助宝宝健康成长。

凉薯莴笋粥

材料

凉薯 30 克，莴笋 20 克，白菜 15 克，大米 90 克，盐适量

做法

❶ 凉薯洗净去皮切块；白菜洗净撕片；莴笋洗净去皮切片；大米洗净浸泡半个小时。

❷ 锅内注水，放入大米，用大火煮至米粒绽开，放入凉薯、莴笋同煮。

❸ 待粥煮至闻见香味时，下入白菜再煮 3 分钟，放入盐调匀即可。

专家点评

　　莴笋具有调节神经系统功能的作用，还能够预防缺铁性贫血。白菜能够促进宝宝的肠胃蠕动，帮助消化，能预防宝宝因大便干燥导致的便秘。凉薯含有大量的维生素和糖分，也有益于宝宝健康成长。

豆芽韭菜汤

材料

绿豆芽 100 克，韭菜 30 克，食用油、盐、枸杞子各适量

做法

❶ 将绿豆芽洗净；韭菜洗净切段备用。

❷ 净锅上火，倒入食用油，下绿豆芽煸炒，倒水，调入盐，放入枸杞子煲至熟，撒入韭菜即可。

专家点评

韭菜具有保暖、健胃的功效，其所含的粗纤维可促进肠蠕动，帮助宝宝消化，不但可以预防习惯性便秘，还可将消化道中的某些杂物包裹起来，使之随大便排出体外。绿豆芽中含有磷、锌等矿物质，还含有胡萝卜素，对增强宝宝的免疫力有一定的作用，还能为宝宝补充身体所需的维生素 C。

排骨海带煲鸡

材料

嫩鸡 250 克，猪排骨 200 克，海带结 100 克，枸杞子 2 克，盐、食用油各适量，葱花、生姜末各 3 克

做法

❶ 嫩鸡洗净斩块；猪排骨洗净剁块；海带结清洗干净；枸杞子清洗干净备用。

❷ 净锅上火，倒油烧热，放入葱、姜炒香，下海带翻炒几下，加水、鸡块、猪排骨、枸杞子，调入盐，小火煲至熟即可。

专家点评

海带含有丰富的蛋白质、碘等营养素；猪排骨含有丰富的蛋白质、脂肪等营养素；鸡肉含有丰富的蛋白质、B 族维生素等营养素。用这些食材搭配煲汤，不仅营养丰富，还能增强体质，非常适合宝宝食用。

百合绿豆凉薯汤

材料

百合 50 克，绿豆 100 克，凉薯 1 个，猪瘦肉 100 克，盐适量

做法

❶ 百合、绿豆泡发；猪瘦肉洗净，切成块。

❷ 凉薯洗净，去皮，切成大块。

❸ 将所有的材料（盐除外）放入煲中，大火煲开，转小火继续煲 15 分钟，加入盐调味即可。

专家点评

　　百合有补中益气、润肺止咳的功效，绿豆可以增进食欲、解毒、抗过敏，凉薯含有人体必需的钙、铁、锌、磷等多种营养成分，具有清凉去热的功效。三者搭配猪瘦肉做汤，非常适合宝宝食用。

白果煲猪小肚

材料

猪小肚 100 克，白果 5 颗，覆盆子 10 克，盐适量

做法

❶ 猪小肚洗净，切丝；白果洗净炒熟，去壳；覆盆子洗净，备用。

❷ 将猪小肚、白果、覆盆子一起放入砂锅，加适量水，煮沸后改小火煲 1 个小时。

❸ 调入盐即可。

专家点评

　　白果含有丰富的蛋白质、脂肪、糖类、胡萝卜素、维生素 B_1、维生素 B_2 等营养成分，具有良好的保健功能，与具有清热利湿、益脾补肾之功效的猪小肚一起煲汤，滋补身体的功效更好。

凉薯鸡蛋南瓜粥

材料

凉薯 30 克，鸡蛋 1 个，南瓜 20 克，大米 90克，盐适量

做法

❶ 凉薯去皮洗净，切块；南瓜去皮洗净，切块；大米洗净泡发；鸡蛋磕破取蛋黄。

❷ 锅内注水，放入大米，用大火煮至米粒绽开，放入鸡蛋黄、南瓜、凉薯。

❸ 改用小火煮至粥成，放入盐调味即可。

专家点评

　　凉薯中含有大量的水分，能够补充碳水化合物，帮助宝宝清热解暑，维持正常的身体发育。南瓜中含有丰富的锌，能够参与人体内核酸、蛋白质的合成，为宝宝生长发育的重要物质。蛋黄可提高宝宝的脑功能，增强记忆力。

木耳菜山楂粥

材料

木耳菜、山楂各 20 克，大米 100 克，冰糖 5 克，枸杞子少许

做法

❶ 大米淘洗干净，用清水浸泡；木耳菜洗净；山楂、枸杞子洗净。

❷ 锅置火上，放入大米，加适量清水煮至七成熟。

❸ 放入山楂煮至米粒绽开，放入冰糖、木耳菜、枸杞子，稍煮后调匀便可。

专家点评

　　木耳菜中含有丰富的钙和铁，且容易被宝宝吸收。山楂能开胃消食，特别是消肉食积滞的作用更好。山楂中还有平喘化痰、抑制细菌、治疗腹痛腹泻的成分，宝宝食之有益。

苹果拌土豆

材料

土豆 50 克，苹果 30 克，原味起司 1/2 片，松子粉 5 克

做法

❶ 土豆去皮洗净，煮熟，捣碎；起司捣碎；苹果去皮洗净，捣碎后放到水里，煮至透明为止。

❷ 土豆、苹果、起司、松子粉一起拌匀即可。

土豆香菇饭

材料

软饭 40 克，土豆、香菇、鲔鱼肉各 20 克，食用油、香油各适量，海带汤 100 毫升

做法

❶ 土豆去皮，洗净，切成小丁；香菇洗净，焯烫，切成小丁；鲔鱼洗净，切成块。

❷ 起油锅，放入土豆、鲔鱼煸炒，最后放入香菇。

❸ 再放入海带汤和软饭熬煮至粥稠，最后淋入香油即可。

红薯苹果糊

材料

红薯 70 克，苹果 50 克

做法

❶ 红薯去皮洗净，蒸熟，剁碎；苹果洗净，去皮、去籽，磨成泥。

❷ 在锅里放红薯和水熬煮，煮熟后起锅盛入碗中，再放入苹果泥搅拌均匀即可。

茄子大麦稀饭

材料

大米 50 克，糯米、大麦各 5 克，茄子、南瓜各 15 克，高汤 400 毫升，香油、芝麻盐各少许

做法

❶ 大米、糯米、大麦加水浸泡；茄子洗净蒸熟后剁碎；南瓜去皮洗净，煮熟后剁碎。

❷ 将大麦、大米、糯米磨碎，加水煮成粥。

❸ 锅里倒入高汤、茄子、南瓜煮至粥稠，再淋上香油、芝麻盐即可。

核桃蔬菜粥

材料

大米 50 克，豌豆、胡萝卜碎各 10 克，核桃粉 5 克，香油、芝麻盐各适量，高汤 100 毫升

做法

❶ 将大米洗净泡好磨细；豌豆清洗干净，煮熟，去皮磨成粉。

❷ 将豌豆粉和胡萝卜碎放点香油、芝麻盐煸炒，加入高汤和磨好的大米，煮熟后再将核桃粉放进去稍煮即可。

牛肉南瓜粥

材料

大米 50 克，南瓜 30 克，牛肉 10 克，高汤 120 毫升，葱花、盐各适量

做法

❶ 牛肉洗净切片，余去血水；大米浸泡；南瓜洗净去皮、去籽，蒸熟，切丁。

❷ 浸泡过的大米磨碎；牛肉片蒸熟。

❸ 在磨好的大米里加入高汤熬成粥后，放入牛肉，最后放入南瓜煮熟，加盐调味，撒上葱花即可。

草莓蛋乳汁

材料

草莓 80 克，鲜奶 50 毫升，蜂蜜少许，鸡蛋
1 个

做法

❶ 鸡蛋煮熟取蛋黄，备用。

❷ 将草莓去蒂，洗净，放入榨汁机中榨汁。

❸ 加入鲜奶、蛋黄、蜂蜜，搅匀即可。

专家点评

　　草莓富含果糖、葡萄糖、柠檬酸、苹果酸
等营养成分，对于春季容易出现的肺热咳嗽、
嗓子疼、长疖子等症状都可以起到辅助治疗的
作用。同时，草莓含铁，能够预防宝宝出现缺
铁性贫血。牛奶含有大量的钙，可以促进宝宝
的骨骼生长，能够满足宝宝生长发育所需的营
养。宝宝饮用这道饮品后，既补铁又补钙，非
常有益健康。

菠菜汁

材料

菠菜 100 克，蜂蜜少许

做法

❶ 将菠菜洗净，切成小段。

❷ 将菠菜段放入榨汁机中，倒入凉开水搅打，
榨成汁后，加蜂蜜调味即可。

专家点评

　　菠菜含有大量的植物粗纤维，具有促进肠
道蠕动的作用，利于排便，而且能促进胰腺分
泌，帮助消化。此款果蔬汁可以促进人体新陈
代谢，增强抵抗力，宝宝适量饮用，有助于其
生长发育。

草莓猕猴桃汁

材料

草莓 80 克，猕猴桃 1 个，白萝卜半个

做法

❶ 将猕猴桃、白萝卜洗净，去皮，与洗净的草莓一起切块。

❷ 将所有材料放入榨汁机，加入适量水，搅打成汁，滤出果肉，留汁即可。

专家点评

草莓中所含的胡萝卜素是合成维生素 A 的重要物质，有明目养肝的作用；它还含有果胶和丰富的膳食纤维，可以帮助宝宝消化，通畅大便。另外，草莓对胃肠道不适和贫血有一定的滋补调理作用。白萝卜热量少，纤维素多，尤其适宜便秘或营养过剩的宝宝食用。猕猴桃含有丰富的维生素 C，可强化宝宝的免疫系统。三者混合搅打成汁，很适合宝宝在夏天饮用。

桃子汁

材料

桃子 1 个，胡萝卜 30 克，柠檬 1/4 个，牛奶 10 毫升

做法

❶ 胡萝卜洗净去皮；桃子洗净去皮去核；柠檬洗净。

❷ 将以上材料切块，与牛奶一起放入榨汁机内搅打成汁，滤除果肉即可。

专家点评

桃子的含铁量较高，能够预防缺铁性贫血。牛奶中富含钙，能够促进宝宝的骨骼生长。胡萝卜中含有丰富的胡萝卜素，对宝宝的视力发育很有帮助。此外，这道饮品中还含有大量的维生素 C 及碳水化合物，能够增强宝宝的免疫力，是帮助宝宝健康成长的佳品。

樱桃牛奶汁

材料

樱桃 10 颗，低脂牛奶 20 毫升，蜂蜜少许

做法

❶ 将樱桃洗净去核，放入榨汁机中，倒入牛奶与蜂蜜，再加入适量凉开水 一起榨汁。

❷ 搅匀即可。

专家点评

　　牛奶中含有大量的钙，能够满足宝宝生长发育的需要。如果缺钙，会影响宝宝牙齿的发育以及骨骼的生长，严重者还可能导致宝宝肌肉痉挛、失眠等症状，而充足的钙质能够帮助宝宝正常发育，也可稳定情绪，保证良好的睡眠。樱桃富含铁，能够强化宝宝的免疫力，促进血液的带氧功能。所以，这道饮品能够很好地补充宝宝所需的钙和铁。

葡萄汁

材料

葡萄 100 克，白糖适量

做法

❶ 葡萄去梗洗净，用干净纱布包紧后挤汁。

❷ 葡萄汁中加入适量开水调匀。

❸ 可加少许白糖调味。

专家点评

　　葡萄汁含有丰富的维生素 C、大量的天然糖、维生素、微量元素和有机酸，能促进宝宝机体的新陈代谢，对血管和神经系统发育有益，还可以预防宝宝感冒。葡萄汁还富含大量的葡萄糖，可以预防宝宝出现低血糖。

枇杷汁

材料

枇杷 3 颗，糖水适量

做法

❶ 将枇杷洗净切开去核，去皮。

❷ 再将切好的枇杷与糖水一起放入搅拌机中，搅拌均匀即可。

专家点评

枇杷含有丰富的维生素 B_1、维生素 B_2、维生素 B_6、维生素 C，以及钙、磷、钠、铁等矿物质，其中钙、磷及胡萝卜素含量明显高于其他常见水果。此外，枇杷能刺激消化腺分泌，有增进食欲、帮助消化吸收、止渴解暑的作用，对于食欲不振、消化不良的宝宝来说很有帮助。

什锦水果汁

材料

枇杷 150 克，香瓜 50 克，菠萝 100 克，蜂蜜适量

做法

❶ 枇杷清洗干净，去皮；香瓜清洗干净，去皮，切成小块；菠萝去皮洗净，切成块。

❷ 将蜂蜜、水和以上材料放入榨汁机，榨成汁即可。

专家点评

枇杷富含维生素 C、B 族维生素、碳水化合物、蛋白质、脂肪、纤维素、果酸（如苹果酸、柠檬酸）等；另外，胡萝卜素含量为鲜果中较高的，β - 胡萝卜素在体内可以转化为维生素A；香瓜营养丰富、水分充沛，有生津解渴、消暑清热之效。因此此果汁非常适合宝宝饮用。

柠檬汁

材料

柠檬半个，菠萝、蜂蜜各适量

做法

❶ 柠檬洗净，去皮，切片；菠萝去皮，洗净，切块。

❷ 将柠檬片、菠萝块放入榨汁机中榨汁。

❸ 加入蜂蜜一起搅拌均匀即可。

专家点评

　　菠萝中含有丰富的 B 族维生素，能有效滋养肌肤，防止宝宝的皮肤干裂，还可滋润头发，使其光亮。同时，食用菠萝可以消除身体的紧张感和增强机体的免疫力，还能促进新陈代谢，消除疲劳感。适量的蜂蜜则可以帮助宝宝清热去火。

双果柠檬汁

材料

芒果、猕猴桃各 1 个，柠檬半个

做法

❶ 芒果与猕猴桃洗净，去皮、去籽，切块，放入榨汁机中榨汁。

❷ 柠檬洗净，切成块，放入榨汁机中榨汁。

❸ 将柠檬汁与芒果人参果汁以及冷开水搅匀即可。

专家点评

　　芒果中含有大量的纤维，可以促进排便，对于防治便秘具有一定的作用。猕猴桃又称奇异果，其中含有硒、铁、钙、锌等元素，能够激活人体细胞，维持免疫细胞的正常功能，增强宝宝的免疫力，还可以促进各种维生素及营养的吸收。

梨子香瓜柠檬汁

材料

梨子 1 个，香瓜 200 克，柠檬适量

做法

❶ 梨子洗净，去皮去核，切块；香瓜洗净，去皮切块；柠檬洗净，切片。

❷ 将梨子、香瓜、柠檬依次放入榨汁机中，搅打成汁即可。

专家点评

梨子中的果胶含量很高，有助于宝宝消化、通利大便。梨子中还含有丰富的 B 族维生素，能保护心脏。梨子中含有的硼，能够提高宝宝的注意力和记忆力。香瓜中含有的维生素 C 被宝宝吸收后，能够为宝宝的健康成长提供帮助。二者一起榨成汁，是适合宝宝在夏天饮用的健康饮品。

香瓜苹果汁

材料

香瓜 60 克，苹果 1 个

做法

❶ 香瓜清洗干净，对半切开，去瓤，削皮，切成小块。

❷ 将苹果洗净去皮，去核，切成小块。

❸ 将准备好的材料一起倒入榨汁机中，榨成汁即可。

专家点评

苹果中含有多种维生素、矿物质、糖类、脂肪等，这些物质是构成大脑所必需的营养成分。香瓜中含有维生素 A、维生素 C 及钾，具有很好的利尿作用，并且对宝宝的皮肤很有益处。宝宝在夏天饮用这道饮品，既解暑止渴，又能够促进身体健康成长。

蕨菜柳橙汁

材料

蕨菜 50 克，柳橙半个，蜂蜜适量

做法

❶ 将蕨菜洗净，放入榨汁机中榨汁，滤出汁备用。

❷ 将柳橙洗净切成片，放入榨汁机中榨汁。

❸ 把榨好的蕨菜汁用热水冲泡，加入适量蜂蜜，再放入柳橙汁即可。

专家点评

　　蕨菜富含维生素和矿物质，能够清热解毒、消炎杀菌；其所含的粗纤维能促进胃肠蠕动，具有下气通便的作用。柳橙富含维生素 C，能够促进宝宝的骨骼生长，帮助宝宝健康地发育。蜂蜜则具有清热消火的效果，能够预防宝宝大便干燥。

蕨菜番石榴汁

材料

蕨菜 50 克，番石榴 4 片，蜂蜜少许

做法

❶ 将蕨菜洗净，放入榨汁机中榨汁，滤出汁备用。

❷ 将番石榴和水同煮，水开后转小火继续熬 8 分钟，去渣，留汁备用。

❸ 将榨好的蕨菜汁和煮好的番石榴汁混合调匀，再加入少许蜂蜜即可。

专家点评

　　蕨菜富含人体需要的多种维生素，能够帮助宝宝健康成长。番石榴营养丰富，维生素 C 含量很高，还含有丰富的膳食纤维，可以帮助宝宝润肠通便，防治便秘。适量饮用本品有益于宝宝的身体健康。

第四章

13 ~ 18 个月
宝宝这样吃

13 ~ 18个月的宝宝已经可以食用质地较软、块状较小的食物，如软米饭、馄饨、包子、碎菜、水果、蛋、豆腐、肉末等。这个阶段的宝宝喜欢用手抓食物，妈妈可以准备饼干、糕点等让宝宝自己抓食，锻炼宝宝手指的灵活性。

紫菜蛋花汤

材料

紫菜 50 克，鸡蛋 2 个，生姜、葱、盐、香油各适量

做法

❶ 将紫菜用清水泡发后，捞出清洗干净；葱清洗干净，切花；生姜洗净去皮，切末。

❷ 锅上火，加入水煮沸后，下入紫菜。

❸ 待紫菜再沸时，打入鸡蛋，煮至鸡蛋成形后，下入生姜末、葱花，调入盐，淋入香油即可。

专家点评

　　紫菜中的蛋白质、铁、钙、维生素 B_2、胡萝卜素等含量都非常丰富，故有"营养宝库"的美称。此外，紫菜所含的多糖具有明显增强细胞免疫和体液免疫的功能，可促进淋巴细胞转化，提高宝宝的免疫力。

上汤黄瓜

材料

黄瓜 100 克，虾仁、青豆各 50 克，火腿 30 克，盐适量，高汤 500 毫升

做法

❶ 黄瓜洗净，去皮切块；虾仁、青豆分别洗净；火腿切片。

❷ 锅中倒入高汤煮沸，下入黄瓜和青豆煮熟，倒入虾仁和火腿再次煮沸。

❸ 调入盐拌匀即可。

专家点评

　　青豆是维生素 A、维生素 C、维生素 K 以及 B 族维生素的重要食物来源之一。虾仁的营养价值很高，富含蛋白质、钙，而脂肪含量较低，具有健脑、养胃、润肠的功效。黄瓜能祛除宝宝体内余热，具有祛热解毒的作用。

芙蓉木耳

材料

水发黑木耳 150 克，鸡蛋 2 个，食用油、盐、青菜段、胡萝卜片各适量

做法

① 黑木耳清洗干净，焯水备用。

② 鸡蛋取蛋清打散，用油滑散。

③ 原锅留底油，下入黑木耳、鸡蛋清、青菜段、胡萝卜片，加入盐调味，炒匀即可。

专家点评

　　黑木耳营养价值较高，味道鲜美，蛋白质含量很高，被称为"素中之荤"，是一种营养颇丰的食品。它既可作菜肴、甜食，还可防治糖尿病，可谓药食兼优。此外，黑木耳中所含的胶质，可将残留在人体消化系统内的杂质吸附聚集，并排出体外，有清涤肠胃的作用，有助于宝宝排毒并防治便秘。同时，黑木耳能增强机体免疫力。

金针菇炒三丝

材料
猪肉250克，金针菇300克，鸡蛋2个，生姜丝、清汤、盐、淀粉、香油、食用油、胡萝卜丝、葱丝各适量

做法
1. 猪肉洗净切丝，鸡蛋取蛋清，一起放入碗内，加入盐、淀粉拌匀；金针菇清洗干净。
2. 锅内放油烧热，将肉丝炒至熟，放胡萝卜丝、生姜丝、葱丝炒香后，放入清汤。
3. 倒入金针菇炒匀，淋上香油即可。

专家点评
　　金针菇含有的人体必需氨基酸成分较全，其中赖氨酸和精氨酸含量尤其丰富，且锌含量较高，对宝宝的身高和智力发育有良好的作用，人称"增智菇"。将金针菇与富含蛋白质的猪肉搭配，营养更全面。

豆腐蒸三文鱼

材料
老豆腐200克，三文鱼100克，葱丝5克，生姜丝5克，盐适量

做法
1. 豆腐平剖，摆在盘中；三文鱼斜切成厚约1厘米的片状，依序排在豆腐上。
2. 葱丝、生姜丝铺在三文鱼上，撒上盐。
3. 蒸锅中加1500毫升水煮开后，将盘移入，以大火蒸3～5分钟即可。

专家点评
　　三文鱼营养价值非常高，蕴含多种有益身体的营养成分，包括蛋白质、维生素A、维生素D和维生素E以及多种矿物质。常吃三文鱼，对脑部发育十分有益，对宝宝的健康也很有好处。豆腐的营养也很丰富，且口感绵软，很适合13～18个月的宝宝食用。

冬瓜排骨汤

材料

排骨 300 克，冬瓜 200 克，生姜 15 克，盐、高汤、葱花各适量

做法

❶ 排骨洗净斩块；冬瓜去皮、去瓤，洗净后切滚刀块；生姜去皮切片。

❷ 锅中加水煮开，放入排骨焯烫，捞出沥干水分。

❸ 将高汤倒入锅中，放入排骨煮熟，加入冬瓜、生姜片续煮半个小时，调入盐，撒上葱花即可。

专家点评

　　排骨富含蛋白质、脂肪、磷酸钙、骨胶原、骨黏蛋白等，可为宝宝提供大量的钙质。冬瓜中含有的粗纤维，能帮助宝宝的肠胃蠕动，促进消化，还可预防宝宝便秘。

竹笋鸡汤

材料

鸡半只，竹笋 3 根，生姜 2 片，料酒、盐各适量

做法

❶ 鸡清洗干净，剁块，放入锅内氽烫，去除血水后捞出，冲净。

❷ 另起锅放水煮开，下鸡块和生姜片，并淋入料酒，改小火煮 15 分钟。

❸ 竹笋洗净去皮，切成厚片，放入鸡汤内同煮至熟软，加盐调味即可。

专家点评

　　竹笋纤维素含量很高，常食有帮助消化、预防便秘的功能。鸡肉中蛋白质含量较高，且易被人体吸收利用，有增强体力、强壮身体的作用。用竹笋和鸡煲汤，有助于增强宝宝的免疫功能，提高宝宝的抵抗力。

茶树菇鸭汤

材料
鸭肉 250 克，茶树菇少许，盐适量

做法
1. 将鸭肉斩成块，清洗干净后焯水；茶树菇清洗干净。
2. 将鸭肉、茶树菇放入盅内蒸 2 个小时。
3. 最后放入盐调味即可。

专家点评
　　鸭肉属于热量较低、口感较清爽的白肉，特别适合宝宝在夏天食用。茶树菇含有丰富的植物纤维素，能吸收汤中的油，使汤水清爽不油腻。这道汤清爽鲜美，鸭肉鲜嫩，茶树菇吃起来也爽脆可口，非常适合宝宝食用。

鸭肉芡实汤

材料
鸭腿肉 200 克，芡实 10 克，生姜 5 克，盐、葱花各适量

做法
1. 将鸭腿肉洗净切小块，放入锅中焯烫；芡实用温水洗净，备用；生姜洗净切片。
2. 锅置火上，倒入适量清水，加入盐、鸭块、芡实、生姜片煮至熟，撒上葱花即可。

专家点评
　　芡实具有固肾涩精、补脾益胃等功效，对腰膝疼痛、小便不禁等症有很好的治疗效果。鸭肉具有补血利水、健脾养胃、清热生津、滋补五脏等功效，对身体虚弱、营养不良、病后体虚等症有很好的食疗作用。这道汤综合了鸭肉和芡实的营养价值，非常适合宝宝食用。

茶树菇红枣乌鸡汤

材料

乌鸡半只，茶树菇 150 克，红枣 10 颗，生姜 2 片，盐适量

做法

❶ 乌鸡清洗干净，放入开水中氽烫 3 分钟后捞出，对半切开备用。

❷ 茶树菇浸泡 10 分钟，清洗干净；红枣清洗干净，去核。

❸ 将除盐外的材料放入煲中，倒入适量水煮开，用中火煲 2 个小时，再加盐调味即可。

专家点评

乌鸡补益肝肾，滋阴补血，清热补虚。茶树菇的氨基酸、微量元素含量较多，能够益气和胃，消除水肿。这道汤可以增强宝宝的免疫力，促进宝宝的大脑发育，还能起到防治缺铁性贫血的作用。

冬瓜鸡蛋汤

材料

冬瓜 200 克，水发百合 25 克，鸡蛋 1 个，葱花 5 克，食用油、盐、青菜、枸杞子各适量

做法

❶ 将冬瓜去皮、去籽，洗净切片；鸡蛋打碗内搅匀；水发百合、青菜、枸杞子洗净。

❷ 净锅上火倒油，爆香葱花，下入冬瓜煸炒至八成熟时，倒入水，调入盐，下入水发百合、青菜、枸杞子煮开至熟，淋入鸡蛋液稍煮即可。

专家点评

鸡蛋对增进宝宝的神经系统功能大有裨益。百合有良好的滋补功效。冬瓜能清热解毒、利水消肿，对宝宝的健康也大有益处。

腰果炒虾仁

材料

虾仁100克,腰果、黄瓜各80克,胡萝卜50克,盐、水淀粉、食用油各适量

做法

❶ 虾仁洗净;黄瓜去皮洗净,切块;胡萝卜去皮,洗净切块;腰果洗净。

❷ 热锅下油烧热,入腰果炒香后,放入虾仁滑炒片刻,再放入黄瓜、胡萝卜同炒。

❸ 加盐调味,炒熟后用水淀粉勾芡即可。

专家点评

虾的营养价值极高,它富含蛋白质、脂肪、碳水化合物、维生素以及矿物质等营养成分,能够补充宝宝身体所需的营养,可促进宝宝骨骼发育、提高身体免疫力。

腰果炒西芹

材料

西芹200克,百合、腰果各100克,红甜椒、胡萝卜各50克,食用油、盐、糖、水淀粉各适量

做法

❶ 西芹洗净,切段;百合洗净,切片;红甜椒洗净,去蒂,切片;胡萝卜洗净,切片;腰果洗净。

❷ 锅中下食用油烧热,放腰果略炸,再放入西芹、百合、红甜椒、胡萝卜一起炒,加盐、糖炒匀,待熟后用水淀粉勾芡即可。

专家点评

腰果中的某些维生素和微量元素有很好的软化血管的作用,对保护血管、防治心血管疾病大有益处。西芹含有多种维生素和丰富的纤维,可促进食欲、健脑,适合宝宝食用。

蛤蜊拌菠菜

材料

菠菜 400 克，蛤蜊 200 克，料酒、盐、食用油各适量

做法

1. 将菠菜清洗干净，切成长度相等的段，焯水，沥干装盘待用。
2. 蛤蜊加盐和料酒腌制好，然后入油锅翻炒至熟，加盐调味，起锅倒在菠菜上即可。

专家点评

蛤蜊的营养特点是高蛋白、高铁、高钙、少脂肪。菠菜含有丰富的胡萝卜素、维生素 C、钙、磷及一定量的铁、维生素 E 等营养成分，能供给宝宝多种营养物质，对缺铁性贫血有较好的辅助治疗作用。

清炒红薯丝

材料

红薯 200 克，葱花 3 克，盐、食用油各适量

做法

1. 红薯去皮，清洗干净，切丝备用。
2. 锅中下油烧热，放入红薯丝炒至八成熟，加盐炒匀，待熟后装盘，撒上葱花即可。

专家点评

红薯的蛋白质含量高，可弥补大米、白面中的营养不足，经常食用可提高人体对主食中营养的利用率。红薯所含的膳食纤维也比较多，对促进宝宝的胃肠蠕动和预防宝宝便秘非常有益。

清蒸福寿鱼

材料

福寿鱼 500 克，盐、生姜片、葱、香菜、生抽、香油、番茄酱各适量

做法

❶ 福寿鱼去鳞去内脏，清洗干净，在背上划花刀；葱洗净，葱白切段，葱叶切丝。

❷ 将鱼装入盘内，加入番茄酱、生姜片、葱白段、盐，放入锅中蒸熟。

❸ 取出蒸熟的鱼，淋上生抽、香油，撒上葱丝、香菜即可。

香炸福寿鱼

材料

福寿鱼 500 克，葱丝、生姜片、白糖、醋、盐、料酒、番茄酱、淀粉、食用油各适量

做法

❶ 福寿鱼洗净切花刀，用盐、料酒腌制。

❷ 鱼身抹淀粉，下油锅炸至金黄色，捞出。

❸ 锅底留油，爆香生姜片，捞出，加白糖、番茄酱及水焖煮至沸腾，用淀粉勾芡。

❹ 将炸好的福寿鱼放进锅里拌匀，淋入醋，撒上葱丝即可。

清蒸武昌鱼

材料

武昌鱼 500 克，红甜椒 10 克，盐、料酒、生抽、香油、生姜丝、香菜、葱丝各适量

做法

❶ 武昌鱼剖净，抹上料酒、盐腌制约 5 分钟；红甜椒洗净切丝；香菜洗净。

❷ 将鱼放入蒸锅，撒上生姜丝，蒸至熟后取出，撒上葱丝、红甜椒丝，淋上香油。

❸ 旁边备上生抽、香油调成的调味汁即可。

胡萝卜炒木耳

材料

胡萝卜 200 克，黑木耳 20 克，盐、生姜片、生抽、葱段、白糖、食用油各适量

做法

❶ 黑木耳泡发洗净；胡萝卜洗净去皮切片。

❷ 锅内倒油烧至七成热，放入生姜片、葱段煸炒，放黑木耳稍炒。

❸ 再放胡萝卜片，然后依次放盐、生抽、白糖炒匀即可。

开屏武昌鱼

材料

武昌鱼 1 条，红甜椒 1 个，盐、生抽、葱白、食用油各适量

做法

❶ 武昌鱼剖净；葱白、红甜椒洗净切丝。

❷ 武昌鱼切成连刀片，用盐腌制 10 分钟。

❸ 将武昌鱼入蒸锅蒸 8 分钟，取出撒上葱丝、红甜椒丝，浇上热油，加入生抽即可。

清炒竹笋

材料

竹笋 250 克，葱段、生姜片、盐、食用油各适量

做法

❶ 竹笋剥去皮，除去老的部分，清洗干净后对半切开备用。

❷ 热锅，放食用油，烧至七成热时，放葱段、生姜片入锅煸香。

❸ 放入竹笋、盐，翻炒至竹笋熟透即可。

茄子豆腐汤

材料

豆腐 200 克，茄子 100 克，盐、高汤、红椒丝各适量

做法

❶ 将豆腐、茄子分别洗净，切成条，备用。

❷ 净锅上火，倒入高汤，下入茄子、豆腐，调入盐，煲至熟，撒上红椒丝即可。

专家点评

茄子营养较丰富，富含钙、磷、铁、维生素 B_1、维生素 B_2、维生素 C 等营养成分，还能清热解暑。豆腐可以帮助宝宝增加营养、促进消化、增进食欲，对宝宝牙齿、骨骼的生长发育也颇为有益，还可增加血液中铁的含量，预防宝宝缺铁性贫血。

小鱼空心菜汤

材料

空心菜 100 克，小鱼干、生姜各适量，高汤 200 毫升

做法

❶ 摘取空心菜的叶子洗净；小鱼干洗净；生姜洗净，切丝。

❷ 净锅上火，倒入高汤煮沸，放入小鱼干、生姜丝略煮。

❸ 再加入空心菜叶煮熟即可。

专家点评

空心菜含有大量的纤维素和半纤维素、胶浆、果胶等，这些营养对宝宝的肠胃有很大好处，可以帮助肠胃蠕动，有利于消化，起到通便的效果。小鱼干中蛋白质含量丰富，是宝宝补充蛋白质的良好食物来源。

山药鳝鱼汤

材料

鳝鱼 100 克，山药 25 克，枸杞子 5 克，盐、葱花、生姜片、香油各适量

做法

❶ 将鳝鱼清洗干净，切段，氽烫；山药去皮清洗干净，切片；枸杞子清洗干净，备用。

❷ 锅置火上，入水，加盐、葱花、生姜片，下入鳝鱼、山药、枸杞子，煲至熟，淋上香油即可。

专家点评

　　鳝鱼含有维生素 B_1、维生素 B_2、烟酸及人体所需的多种氨基酸等，可以预防消化不良引起的腹泻；同时，鳝鱼还具有补血益气、宣痹通络的保健功效。山药含有丰富的淀粉、微量元素、维生素等营养素，能促进血液循环、健脾养胃，提高机体的免疫功能。

党参鳝鱼汤

材料

鳝鱼 175 克，党参 3 克，食用油、盐、葱花、生姜末、香油各适量

做法

❶ 鳝鱼洗干净，切段；党参洗净备用。

❷ 锅内倒水煮沸，下入鳝鱼段氽水，去除血水后捞起冲净。

❸ 净锅上火，倒入食用油，下入葱、姜、党参炒香，再下入鳝鱼段煸炒，倒入水，调入盐煲至熟，最后淋入香油即可。

专家点评

　　这道汤含有丰富的蛋白质、菊糖、生物碱、黏液质、维生素 A 等多种营养成分，有滋补气血、健脾补气、强健筋骨的作用，适宜气血不足、体质虚弱的宝宝食用。

黄瓜玉米汤

材料

玉米粒 200 克，黄瓜 100 克，莲子 50 克，枸杞子、高汤、白糖各适量

做法

❶ 将玉米粒清洗干净；黄瓜洗净切丁；莲子洗净；枸杞子洗净。

❷ 煲锅上火，倒入高汤，加入玉米粒、黄瓜、莲子、枸杞子，调入白糖，小火煲至熟即可。

专家点评

　　黄瓜含有蛋白质、脂肪、糖类、多种维生素、纤维素以及钙、磷、铁、钾、钠、镁等营养成分。玉米可以帮助宝宝开胃，对智力的发育和增强记忆力也有一定的帮助。莲子有清热祛火的功效，同时其钙、磷和钾含量丰富，还可促进宝宝骨骼和牙齿的生长发育。

空心菜肉丝汤

材料

空心菜 125 克，猪肉 75 克，水发粉丝 30 克，食用油、盐、姜片、葱段各适量

做法

❶ 将空心菜洗净，切成段；猪肉洗净切丝；水发粉丝切段备用。

❷ 锅上火，倒入食用油，将葱段、姜片爆香，下入猪肉丝 炒至断生，倒入水，调入盐煮开，下入粉丝、空心菜煲至熟即可。

专家点评

　　空心菜中有丰富的维生素 C 和胡萝卜素，有助于宝宝增强体质、防病抗病。猪肉中的蛋白质为完全蛋白质，含有人体必需的各种氨基酸，并且构成比例和人体接近，能很容易地被宝宝吸收，营养价值高。

黑枣桂圆鹌鹑蛋汤

材料
黑枣 10 颗，桂圆肉 20 克，鹌鹑蛋 8 个，蜜枣 3 颗，盐适量

做法
① 黑枣去核洗净；桂圆肉洗净。
② 鹌鹑蛋煮熟，剥去壳。
③ 将黑枣、桂圆肉、鹌鹑蛋、蜜枣放入煲内，加水煮沸，改小火煲 1 个小时，加盐调味即可。

专家点评
　　黑枣含有丰富的维生素，能增强机体免疫力。黑枣中还富含钙和铁，能够预防宝宝缺铁性贫血。桂圆肉对宝宝的脑细胞非常有益，能使宝宝的头脑更加灵活。鹌鹑蛋含有大量的蛋白质，能够帮助宝宝的骨骼和牙齿健康成长。

三圆汤

材料
鹌鹑蛋 120 克，话梅肉、桂圆肉各 6 克，红枣 6 颗，盐、冰糖、葱花、枸杞子各适量

做法
① 将鹌鹑蛋煮熟后，去壳去皮；话梅肉、桂圆肉、红枣清洗干净备用。
② 净锅上火，倒入水，调入盐，下入熟鹌鹑蛋、话梅肉、桂圆肉、红枣、枸杞子煮开，调入冰糖煲至熟，撒上葱花即可。

专家点评
　　桂圆肉含有丰富的蛋白质，含铁量也较高，可在提高能量、补充营养的同时，促进血红蛋白再生以补血。话梅肉具有消肿解毒、生津止渴的功效。红枣能提高宝宝的免疫力，增强抵抗力。鹌鹑蛋能够为宝宝补充大量的蛋白质，更好地促进宝宝健康成长。

山药绿豆汤

材料
新鲜山药 140 克，绿豆 100 克，白糖适量

做法
❶ 将绿豆洗净，泡至膨胀，捞出沥干。

❷ 将绿豆放入锅中，加入清水，以大火煮沸，转小火续煮 40 分钟至绿豆软烂。

❸ 山药去皮洗净，切小丁，煮熟后捞起，与绿豆汤混合，加白糖调味即可。

专家点评
　　山药、绿豆同做汤，使得本汤具有健脾益胃、清热祛湿的功效，非常适合脾胃湿热，症见流涎、吐奶、舌苔黄厚、厌食等现象的宝宝食用。

佛手猪心汤

材料
猪心 200 克，青菜叶 50 克，佛手 10 克，清汤、盐、生姜末、枸杞子、豆芽各适量

做法
❶ 将猪心洗净，汆水，切片备用。

❷ 佛手洗净切段；青菜叶、豆芽、枸杞子洗净，备用。

❸ 汤锅上火，倒入清汤，调入盐、生姜末，下入猪心、佛手、豆芽、枸杞子煮至熟，撒入青菜叶即可。

专家点评
　　猪心营养非常丰富，与青菜、佛手等一同做汤，具有益气健脾、行气消积的功效，对小儿疳积、腹胀食积、食欲不振等症具有非常好的食疗功效。

枸杞鱼头汤

材料

三文鱼鱼头 1 个, 枸杞子 5 克, 西蓝花 150 克, 蘑菇 3 朵, 盐适量

做法

❶ 将鱼头处理干净; 西蓝花洗净, 撕去梗上的硬皮, 切小朵; 蘑菇 枸杞子洗净。

❷ 锅置火上, 加入适量水, 放入鱼头, 熬至鱼头将熟。

❸ 加入西蓝花、枸杞子、蘑菇煮熟, 加盐调味即可。

专家点评

　　三文鱼鱼头肉质细嫩, 除了能补充蛋白质、钙、磷、铁、维生素 B_1 之外, 还可增强记忆力。三文鱼鱼头还含有丰富的不饱和脂肪酸, 可使大脑细胞异常活跃, 常吃可延缓脑力衰退。鱼鳃下的肉呈透明的胶状, 能增强身体活力, 修复人体细胞组织。再加入枸杞子一起煲汤, 有强筋健骨、活血行气的功效, 尤其适合身体较为虚弱的宝宝食用, 但不宜多食。

冬瓜蛤蜊汤

材料

蛤蜊 250 克，冬瓜 50 克，生姜片 10 克，盐、料酒、香油各适量

做法

❶ 冬瓜去皮洗净，切块；蛤蜊清洗干净，用淡盐水浸泡 1 个小时后，捞出沥水备用。

❷ 将蛤蜊、生姜片、冬瓜及盐、料酒、香油放入锅中，加适量水，大火煮至蛤蜊开壳后关火，去掉浮沫即可。

益智仁鸭汤

材料

益智仁 15 克，鸭肉 250 克，鸭肾 1 个，盐、食用油、味精、料酒、葱段、生姜块各适量

做法

❶ 鸭肉洗净切块；鸭肾洗净剖开，去黄皮和杂物，切成 4 块；生姜块洗净拍松；益智仁洗净。

❷ 汤锅置大火上，加 1500 毫升清水煮沸，加入所有材料，小火炖 3 个小时即可。

党参黑鱼汤

材料

党参 10 克，黑鱼 1 尾，生姜、葱、盐、食用油各适量

做法

❶ 党参洗净，切段。

❷ 将黑鱼处理干净切段，下油锅中煎至两面金黄。

❸ 另起油锅烧至六成热，爆香生姜、葱，加入党参、黑鱼、水煮开，煲至熟透，加盐调味即可。

银鱼枸杞苦瓜汤

材料

银鱼 150 克，苦瓜 125 克，枸杞子 10 克，红枣 5 颗，高汤、盐、葱末、生姜末各适量

做法

❶ 将银鱼清洗干净；苦瓜清洗干净，去籽切圈；枸杞子、红枣清洗干净，备用。

❷ 汤锅上火，倒入高汤，调入盐、葱末、生姜末，下入银鱼、苦瓜、枸杞子、红枣，煲至熟即可。

清汤黄鱼

材料

黄鱼 1 尾，盐、葱段、生姜片各适量

做法

❶ 把黄鱼宰杀，将其内脏去除，清洗干净，备用。

❷ 净锅置于火上，倒入适量清水，放入准备好的葱段、生姜片，再下入黄鱼煲至熟，调入盐即可。

鲍鱼老鸡干贝煲

材料

老鸡肉 250 克，干贝 75 克，鲍鱼 1 只，食用油、盐、葱丝、香油、青菜、枸杞子各适量

做法

❶ 干贝洗净；鲍鱼洗净改刀，氽透备用；鸡肉洗净斩块，氽水；青菜、枸杞子洗净。

❷ 净锅上火，倒入食用油，将葱炝香，加入水、调入盐，放入鸡肉、鲍鱼、干贝、青菜、枸杞子煲至熟，淋入香油即可。

桂圆益智仁糯米粥

材料

桂圆肉20克，益智仁15克，糯米100克，白糖、生姜丝各适量

做法

❶ 糯米淘洗干净，放入清水中浸泡；桂圆肉、益智仁洗净备用。

❷ 锅置火上，放入糯米，加适量清水煮至粥将成。

❸ 放入桂圆肉、益智仁、生姜丝，煮至米烂后，放入白糖调匀即可。

专家点评

　　此粥具有补益心脾、益气养血的功效，对小儿流涎有很好的食疗作用。

猪腰枸杞大米粥

材料

猪腰80克，枸杞子10克，大米120克，盐、葱花各适量

做法

❶ 猪腰洗净，去腰臊，切花刀；枸杞子洗净；大米淘净，泡好。

❷ 大米放入锅中，加水，以大火煮沸，下入枸杞子，以中火熬煮。

❸ 待米粒绽开后，放入猪腰，转小火，待猪腰变熟，加盐调味，撒上葱花即可。

专家点评

　　此粥具有补肾强腰、缩尿止遗的功效，常食可改善小儿遗尿等症状。

羊肉草果豌豆粥

材料

羊肉 100 克，草果 15 克，豌豆 50 克，大米 80 克，盐、生姜、香菜各适量

做法

❶ 草果、豌豆洗净；羊肉洗净，切片；大米淘净，泡好；生姜洗净挤汁；香菜洗净。

❷ 大米放入锅中，加适量清水，大火煮开，下入羊肉、草果、豌豆，改中火熬煮。

❸ 再用小火将粥熬出香味，加盐、生姜汁调味，撒上香菜即可。

专家点评

　　本粥具有温脾胃、止呕吐的功效，对小儿脾胃虚寒型厌食症有很好的食疗效果。

牛奶山药麦片粥

材料

牛奶 100 毫升，豌豆 30 克，麦片 50 克，莲子 20 克，白糖、葱、山药各适量

做法

❶ 豌豆、莲子、山药均洗净；葱洗净，切成葱花。

❷ 锅置火上，加入适量清水，放入麦片，以大火煮开。

❸ 加入豌豆、莲子、山药同煮至粥呈浓稠状，再倒入牛奶煮 5 分钟后，撒上葱花，调入白糖拌匀即可。

专家点评

　　此粥含有多种营养成分，可增强体质，并有促进睡眠的作用，可用于小儿疳积、营养不良等症。

带鱼胡萝卜包菜粥

材料
带鱼、胡萝卜、包菜各 20 克，酸奶 10 毫升，大米 50 克，盐适量

做法
❶ 带鱼洗净蒸熟，剔除鱼刺，捣成鱼泥。
❷ 大米泡发洗净；胡萝卜去皮洗净，切小块；包菜洗净，切丝。
❸ 锅置火上，注入清水，放入大米，用大火熬煮，待水开后，转小火，下鱼肉。
❹ 待米粒绽开后，放入包菜、胡萝卜，加入酸奶，用小火煮至粥成，加盐调味即可。

专家点评
　　用带鱼、胡萝卜、包菜、酸奶、大米混合熬煮的粥，富含优质蛋白质、不饱和脂肪酸、钙、磷、镁及多种维生素，有滋补强壮、和中开胃及养肝补血的功效，非常适合宝宝食用。

带鱼胡萝卜木瓜粥

材料
带鱼 20 克，木瓜 30 克，胡萝卜 10 克，大米 50 克，盐、葱花、豌豆各适量

做法
❶ 带鱼洗净蒸熟，剔除鱼刺，捣成鱼泥备用。
❷ 大米洗净泡发；木瓜去皮洗净，切小块；胡萝卜去皮洗净，切小块；豌豆洗净。
❸ 锅置火上，注水煮开后，放入大米，大火煮至水开后，放入鱼泥、木瓜、豌豆和胡萝卜。
❹ 煮至粥浓稠，加盐调味，撒上葱花即可。

专家点评
　　带鱼可为大脑提供丰富的营养成分。木瓜有助于宝宝对食物的消化和吸收，有健脾消食的功效。用木瓜、鱼泥、胡萝卜合煮而成的粥，可增强宝宝的抵抗力。

山药莲子粥

材料

山药30克，胡萝卜、莲子各15克，大米90克，盐、葱花各适量

做法

❶ 山药去皮，洗净切块；莲子洗净泡发；胡萝卜去皮，洗净切丁；大米洗净。

❷ 锅内注适量水，放入大米、莲子、胡萝卜、山药，以大火煮开。

❸ 改用小火煮至粥浓稠熟烂时，放入盐调味，撒上葱花即可。

专家点评

　　本粥具有健脾补虚、缩尿止遗的功效，适合脾肾虚弱，有遗尿、盗汗等症状的宝宝食用。

石决明小米瘦肉粥

材料

石决明10克，小米80克，猪瘦肉150克，食用油、葱花、盐、生姜丝各适量

做法

❶ 猪瘦肉洗净，切小块；小米淘净，浸泡半个小时。

❷ 油锅烧热，爆香生姜丝，放入猪瘦肉过油，捞出。

❸ 锅中加适量清水煮开，下入小米、石决明，大火煮沸，转中火熬煮。

❹ 再用小火将粥熬出香味，再下入猪瘦肉煲5分钟，加盐调味，撒上葱花即可。

专家点评

　　本粥具有补虚益血、滋补强身、息风止痉的功效，对小儿惊风等症有很好的食疗效果。

银鱼煎蛋

材料

银鱼 150 克，鸡蛋 4 个，盐、陈醋、食用油各适量

做法

❶ 将银鱼用清水漂洗干净，沥干水分备用。

❷ 将鸡蛋在碗内打散，放入备好的银鱼，调入盐，用筷子搅拌均匀。

❸ 锅置火上，放入食用油烧至五成热，放入银鱼鸡蛋煎至两面金黄，烹入陈醋即可。

茄子软饭

材料

软饭 40 克，洗净的牛肉、茄子、胡萝卜各 10 克，洋葱 5 克，葱花 3 克，洋葱汁 5 毫升，香油、芝麻盐、食用油各适量，高汤 200 毫升

做法

❶ 牛肉切碎，加入洋葱汁和香油搅拌。

❷ 茄子、胡萝卜及洋葱去皮后，洗净剁碎。

❸ 锅中放入食用油烧热，再放入牛肉、茄子、胡萝卜、洋葱炒熟，加高汤、葱花、软饭稍煮，加香油和芝麻盐调味即可。

干贝蒸水蛋

材料

鸡蛋 3 个，湿干贝、葱花各 10 克，盐、白糖、淀粉、香油各适量

做法

❶ 鸡蛋在碗里打散，加入湿干贝、盐、淀粉和少许水搅匀。

❷ 放在锅里隔水蒸约 12 分钟，至鸡蛋凝结。

❸ 撒上葱花，淋上香油即可。

香甜苹果丁

材料

苹果 1 个，白糖少许

做法

① 将苹果清洗干净，削去皮，切成丁。

② 将苹果丁放入碗内，加盖，置于锅中隔水炖至熟，加入少许白糖调味，端出稍放凉即可。

川贝蒸鸡蛋

材料

川贝 6 克，鸡蛋 2 个，盐少许

做法

① 川贝洗净，备用。

② 将鸡蛋打入碗中，搅散，加入少许盐和水，搅拌均匀。

③ 再将川贝放入鸡蛋中，放入蒸锅，蒸约 6 分钟即可。

红枣薏米粥

材料

大米 70 克，薏米 20 克，红枣 3 颗，白糖适量

做法

① 大米、薏米、红枣均泡发，洗净。

② 锅置火上，倒入清水，放入大米、薏米、红枣，以大火煮开。

③ 煮至粥浓稠，加入白糖拌匀即可。

火龙果菠萝汁

材料
火龙果 150 克，菠萝 50 克

做法
1. 将火龙果洗净，对半切开后挖出果肉，切成小块。
2. 菠萝去皮洗净后，将果肉切成小块。
3. 将火龙果、菠萝放入榨汁机内，高速搅打 3 分钟即可。

专家点评
　　菠萝中丰富的 B 族维生素能有效地滋养宝宝的肌肤，防止皮肤干裂，并滋润头发，同时也可增强宝宝的免疫力。火龙果中所含的特殊的花青素能够增加宝宝肌肤的光滑度，对宝宝的皮肤很有益，其含有的铁质也比较丰富，使宝宝能及时地补铁。

芦笋西红柿汁

材料
芦笋 300 克，西红柿 1 个，鲜奶 200 毫升

做法
1. 将芦笋洗净，切块，放入榨汁机中榨汁；西红柿洗净，去皮，切小块备用。
2. 将西红柿和冷开水放入搅拌机中搅匀，加入芦笋汁、鲜奶，调匀即可。

专家点评
　　芦笋具有清热利尿的功效。宝宝经常食用此款果蔬汁可改善心血管功能、增进食欲、提高机体代谢能力、提高免疫力。

甜瓜酸奶汁

材料

甜瓜 100 克，酸奶 300 毫升，蜂蜜适量

做法

❶ 将甜瓜清洗干净，去瓤，切块，放入榨汁
机中榨汁。

❷ 将甜瓜汁倒入搅拌机中，加入酸奶、蜂蜜，
搅打均匀即可。

专家点评

　　酸奶能抑制肠道腐败菌的生长，还含有可
抑制体内合成胆固醇还原酶的活性物质，可以
刺激机体免疫系统，调动机体的积极因素，有
一定的抗癌作用。甜瓜营养丰富，可补充宝宝
所需的能量及营养素，其中富含的碳水化合物
及柠檬酸等营养成分，可消暑清热、生津解渴、
除燥。

红豆香蕉酸奶

材料

红豆 20 克，香蕉 1 根，酸奶 200 毫升，蜂蜜
少许

做法

❶ 将红豆清洗干净，入锅煮熟备用；香蕉去皮，
切成小段。

❷ 将红豆、香蕉块放入搅拌机中，再倒入酸
奶和蜂蜜，搅打成汁即可。

专家点评

　　酸奶含有丰富的钙和蛋白质等，可以促进
宝宝的食欲，有助于宝宝的骨骼发育。香蕉含
有蛋白质、钙、磷、维生素 A、B 族维生素、
维生素 C 等，有促进肠胃蠕动、防治便秘的
作用。红豆富含维生素 B_1、维生素 B_2、蛋白
质及多种矿物质，具有一定的补血功能。

石榴梨泡泡饮

材料

梨 2 个，石榴 1 个，蜂蜜适量

做法

❶ 梨洗净，去皮，切块；石榴切开去皮，取石榴籽。

❷ 将梨、石榴籽放入搅拌机内，搅打成汁。

❸ 倒入蜂蜜搅拌，装杯加梨片即可。

专家点评

　　石榴是一种浆果，含有非常丰富的矿物质，还含有花青素和红石榴多酚两大抗氧化成分，以及维生素 C、亚香油酸以及叶酸等，能够为宝宝的肌肤迅速补充水分。蜂蜜可以帮助宝宝清热祛火。梨的水分充足，且富含多种维生素、矿物质，能够帮助宝宝体内的器官排毒。

石榴苹果汁

材料

石榴 1 个，苹果 1 个，柠檬 1 个

做法

❶ 石榴切开去皮，取出石榴籽；苹果洗净、去核、切块；柠檬洗净，切块状。

❷ 将苹果、石榴籽、柠檬放进榨汁机，加适量清水，榨汁即可。

专家点评

　　苹果含有碳水化合物、蛋白质、脂肪、膳食纤维、多种矿物质、维生素，可补充人体所需的营养。柠檬富含维生素 C，对人体的作用犹如天然抗生素，有抗菌消炎、增强宝宝免疫力等多种功效。石榴含有的维生素，可以提升宝宝的免疫力，促进宝宝对铁质的吸收。

第五章

19 ~ 36 个月
宝宝这样吃

19 ~ 36 个月的宝宝，乳牙都出齐了，咀嚼能力有了进一步的提高，消化系统日趋完善，一日三餐的习惯已形成。在这个阶段，爸爸妈妈为宝宝准备的辅食已经不需要像之前那样精细了，但是饮食还是以细软为主，同时要注意丰富食材，确保宝宝营养的均衡。

木瓜炖银耳

材料

木瓜 1 个，银耳 100 克，盐、白糖各适量

做法

① 将木瓜洗净，去皮切块；银耳泡发，洗净。

② 炖盅中放水，将木瓜、银耳一起放入炖盅，炖煮 1～2 个小时。

③ 加入盐、白糖拌匀即可。

专家点评

　　木瓜含有丰富的维生素 A、维生素 C 和膳食纤维，其中的水溶性纤维有助平衡血脂水平，还能消食健胃，对消化不良具有较好的食疗作用。银耳有滋阴、润肺、养胃、生津、益气、补脑、强心的功效，适宜体虚的宝宝食用。

虾米茭白粉丝汤

材料

茭白 150 克，水发虾米 30 克，水发粉丝 20 克，西红柿 1 个，食用油、盐各适量

做法

① 茭白洗净切小块；水发虾米洗净；水发粉丝洗净，切段；西红柿洗净，切块备用。

② 汤锅上火，倒入食用油，下入虾米、茭白、西红柿煸炒，倒入水，调入盐，下入粉丝煲至熟即可。

专家点评

　　茭白具有健壮身体的作用。虾米富含钙、铁、碘。西红柿富含维生素 C、番茄红素。三者搭配煲汤，具有补虚、利尿、补血、辅助治疗四肢水肿等作用。这道汤含有多种宝宝生长发育必需的营养素，可以提高宝宝的免疫力，促进宝宝健康成长。

香蕉薄饼

材料

香蕉 1 根，面粉 300 克，鸡蛋 1 个，盐、白糖、食用油各适量

做法

1. 鸡蛋打破，蛋液倒入碗中打匀；香蕉去皮切段，放入碗中捣成泥状；蛋液倒入香蕉泥中，加水、面粉调成糊状。
2. 加少许白糖、盐搅拌均匀。
3. 锅烧热，放入油，将面糊倒入锅内，摊薄，煎至两面呈金黄色，加香菜装饰即可。

专家点评

香蕉含有多种维生素和矿物质，膳食纤维含量丰富，而热量却很低，其中所含的钾能强化肌力和肌耐力，防止宝宝肌肉痉挛，还能抑制人体对钠的吸收。此外，香蕉中的维生素 A 能增强机体对疾病的抵抗力，帮助消化。用香蕉制作的煎饼风味独特、口感绵软，不仅可以为宝宝的生长发育提供丰富的营养，还能够刺激宝宝的肠胃蠕动，预防宝宝便秘。

牛奶红枣大米粥

材料

红枣 20 颗，大米 100 克，牛奶 150 毫升，红糖适量

做法

1. 将大米、红枣洗净，泡发。
2. 将泡好的大米、红枣放入锅中，加入适量水以大火煮开，改小火煮约半个小时，加牛奶煮开。
3. 待粥成，加入红糖煮溶即可。

绿豆粥

材料

绿豆 80 克，大米 100 克，红糖适量

做法

1. 将大米和绿豆洗净，用清水浸泡半个小时后备用。
2. 锅中放入适量水，加入绿豆、大米，以大火煮开。
3. 转用小火煮至大米熟烂，待粥浓稠时，下入红糖，继续煮至糖溶化即可。

红豆牛奶汤

材料

红豆 15 克，低脂鲜奶 200 毫升，蜂蜜适量

做法

1. 红豆洗净，浸泡一夜。
2. 红豆放入锅中，以中火煮约半个小时，熄火后再闷煮约半个小时。
3. 将红豆、蜂蜜、低脂鲜奶放入碗中，搅拌混合均匀即可。

芥菜毛豆

材料

芥菜 100 克，毛豆 200 克，红甜椒少许，盐、香油、白醋各适量

做法

❶ 芥菜洗净焯水后切末；红甜椒洗净，去蒂、去籽，切粒。

❷ 毛豆洗净，放入沸水中煮熟，捞出装盘。

❸ 加入芥菜末、红甜椒粒，调入香油、白醋、盐拌匀即可。

香菜豆腐鱼头汤

材料

鳙鱼头 450 克，豆腐 250 克，香菜 30 克，盐、生姜、食用油各适量

做法

❶ 鱼头洗净，去鳃，剖开，用盐腌制两个小时；香菜洗净；豆腐洗净，沥水，切块。

❷ 净锅上火，放入油烧热，先后放入豆腐、鱼头，分别煎至两面呈金黄色，盛出。

❸ 锅中放入鱼头、生姜，沸水煮沸，加豆腐煲半个小时，放入香菜，稍滚即可。

脆皮香蕉

材料

香蕉 1 根，吉士粉、泡打粉各 10 克，面粉250 克，白糖 5 克，淀粉 30 克，食用油适量

做法

❶ 将白糖、吉士粉、面粉、泡打粉、淀粉放入碗中，加入水和匀制成面糊。

❷ 香蕉去皮切段，放入调好的面糊中，均匀地裹上一层面糊。

❸ 将香蕉放入烧热的油锅中，炸至呈金黄色即可。

红腰豆鹌鹑煲

材料

南瓜 200 克，鹌鹑 1 只，红腰豆 50 克，盐、生姜片、香油、高汤、食用油各适量

做法

❶ 将南瓜去皮、去籽，洗净，切滚刀块；鹌鹑洗净，剁块，氽水备用；红腰豆洗净。

❷ 锅中放入食用油烧热，下生姜片炝香，下入高汤、盐、鹌鹑、南瓜、红腰豆煲至熟，淋入香油即可。

专家点评

　　鹌鹑肉中蛋白质含量高，脂肪、胆固醇含量极低，而且富含芦丁、磷脂、多种氨基酸等，可补脾益气、健筋骨。红腰豆含有丰富的维生素 A、B 族维生素、维生素 C、蛋白质、膳食纤维及铁、镁、磷等多种营养素，有补血、增强免疫力、帮助细胞修复等功效。

韭菜猪血汤

材料

猪血 200 克，韭菜 100 克，枸杞子 10 克，食用油、盐、葱花各适量

做法

❶ 将猪血洗净，切小块氽水；韭菜洗净，切末；枸杞子洗净备用。

❷ 锅中倒入食用油烧热，炝香葱花，加水、盐、猪血、枸杞子煲至入味，撒上韭菜末即可。

专家点评

　　猪血中含有的蛋白质，有消毒和润肠的作用，可以清除肠腔内的沉渣浊垢，对尘埃及金属微粒等有害物质具有净化作用，并且能帮助这些有害物质随排泄物排出体外。此汤不仅可以补血，同时还可以除去宝宝体内的多种毒素，有利于宝宝的身体健康。

香菇冬笋煲小公鸡

材料

小公鸡 250 克，鲜香菇 100 克，冬笋 65 克，上海青 8 棵，盐、食用油、香油、葱花、生姜末各适量

做法

❶ 小公鸡洗净剁块，氽水；香菇去根洗净；冬笋洗净，切片；上海青洗净备用。

❷ 炒锅上火，倒入食用油，爆香葱、姜，加水、鸡肉、香菇、冬笋、盐烧沸，放上海青，淋入香油即可。

专家点评

　　香菇是一种高蛋白、低脂肪的健康食材，对宝宝的大脑发育十分有益。冬笋质嫩味鲜，清脆爽口，含有蛋白质、维生素、钙、磷等营养成分，有消肿、通便的功效。

姜煲鸽子

材料

鸽子 1 只，枸杞子 20 克，生姜 50 克，青菜、盐各适量

做法

❶ 鸽子处理干净，斩块，氽水；生姜洗净，切片；枸杞子洗净，泡开备用。

❷ 炒锅上火，倒入水，下入鸽子、生姜片、枸杞子、青菜，调入盐，小火煲至熟。

专家点评

　　鸽肉不仅味道鲜美，而且营养丰富，其含有丰富蛋白质，而且脂肪含量极低外，鸽子骨内含有丰富的软骨素，有改善皮肤细胞活力的功效。鸽肉和枸杞子都有补血的功效，因此，对于有贫血症状的宝宝来说，这是一道很合适的滋补汤。

核桃拌韭菜

材料

核桃仁 300 克，韭菜 150 克，白糖、白醋、盐、香油、食用油各适量

做法

❶ 韭菜洗净，焯熟，切段。

❷ 锅内放入食用油，烧至五成热时，下入核桃仁炸至浅黄色捞出。

❸ 在另一只碗中放入韭菜、白糖、白醋、盐、香油拌匀，和核桃仁一起装盘即可。

专家点评

　　核桃仁中含有丰富的磷脂和不饱和脂肪酸，宝宝经常食用，可以获得足够的亚麻酸和亚油酸，这些成分是大脑组织细胞代谢的重要物质，不仅可以补充宝宝身体发育所需的营养，还能滋养脑细胞，促进宝宝的大脑发育。

凉拌玉米南瓜籽

材料

玉米粒 100 克，南瓜籽 50 克，枸杞子 10 克，香油、盐各适量

做法

❶ 将玉米粒洗干净，沥干水；将南瓜籽、枸杞子洗干净。

❷ 将玉米粒、南瓜籽、枸杞子一起入沸水中焯熟，捞出，沥干水后，加入香油、盐，拌均匀即可。

专家点评

　　这道菜具有良好的滋养作用。南瓜籽富含脂肪、蛋白质、B 族维生素、维生素 C 以及尿酶、南瓜籽氨酸等，与玉米、枸杞子一起做菜，能为宝宝提供充足营养，还能促进宝宝消化吸收。

板栗煨白菜

材料

白菜 200 克，板栗 50 克，葱、生姜、盐、鸡汤、水淀粉、食用油各适量

做法

❶ 白菜洗净，切段；葱洗净，切段；生姜洗净，切片；板栗煮熟，剥去壳。

❷ 锅上火，放油烧热，将葱段、生姜片爆香，下白菜、板栗炒匀，加入鸡汤，煨入味后用水淀粉勾芡，加入盐炒匀即可。

专家点评

　　吃板栗可以补充宝宝身体所需蛋白质、叶酸等营养物质，叶酸是参与血细胞生成的重要物质，能促进宝宝神经系统的发育。但板栗吃多了容易引发便秘，所以这道菜加了富含纤维素的白菜，这样既可以避免宝宝便秘，又可为宝宝补充发育所需的多种营养物质。

酸甜鱼片

材料

青鱼 1 尾，鸡蛋 2 个，番茄酱、盐、白糖、料酒、葱、淀粉、食用油各适量

做法

❶ 青鱼宰杀后去鳞、去内脏、去鳃，洗净。

❷ 整鱼去头、去骨、去鱼刺，鱼肉切成片；鸡蛋取蛋黄并搅散，加淀粉调成糊状；葱洗净切花备用。

❸ 炒锅置火上，加油烧热，取鱼片蘸蛋糊，逐片炸透捞出，锅内余油倒出。

❹ 锅置火上，加水、番茄酱、白糖、盐、料酒、鱼片翻炒均匀，撒上葱花即可。

专家点评

　　用鸡蛋黄和番茄酱一起烧制的青鱼片，既营养又美味，是宝宝营养菜谱中的不错选择。

毛豆粉蒸肉

材料

毛豆 300 克，五花肉 500 克，蒸肉粉、老抽、香菜、盐各适量

做法

① 毛豆洗净，沥干水分；五花肉洗净，切成薄片，加蒸肉粉、老抽和盐拌匀。

② 将毛豆放入蒸笼中，五花肉摆在毛豆上，将蒸笼放入蒸锅蒸 25 分钟，取出。

③ 撒上香菜即可。

专家点评

　　猪肉含有丰富的优质蛋白质和人体必需的脂肪酸，并能提供血红素和促进铁吸收的半胱氨酸，可以改善缺铁性贫血。毛豆含有丰富的植物蛋白、多种矿物质、维生素及膳食纤维；其所含的蛋白质不但含量高，且品质优。

凉拌西蓝花红豆

材料

红豆 50 克，西蓝花 250 克，洋葱 50 克，盐、橄榄油、柠檬汁各适量

做法

① 洋葱洗净切丁，泡水；红豆洗净浸泡 4 个小时，煮熟；西蓝花洗净切朵，汆烫熟，捞出入凉水。

② 橄榄油、盐、柠檬汁调成酱汁。

③ 洋葱捞出沥干，放入锅中，加入西蓝花、红豆、酱汁混合拌匀即可。

专家点评

　　红豆有补血、促进血液循环、增强体力、提高抵抗力的效果。西蓝花含有一种可以缓解焦虑的物质，对睡眠不安的宝宝能起到很好的调养作用。西蓝花还含有丰富的维生素 C，能提高宝宝的免疫力，增强宝宝的体质。

牡蛎豆腐汤

材料

牡蛎肉 150 克，豆腐 100 克，鸡蛋 80 克，韭菜 50 克，食用油、盐、葱段、香油、高汤各适量

做法

1. 牡蛎肉洗净；豆腐洗净切成细丝；韭菜洗净，切末；鸡蛋打入碗中备用。
2. 净锅上火，倒入食用油烧热，炝香葱，下高汤、牡蛎肉、豆腐丝、盐煲至入味，下韭菜末、鸡蛋，淋入香油即可。

专家点评

　　牡蛎肉含有丰富的蛋白质、脂肪、钙、磷、铁等营养成分，具有强化免疫功能的功效。豆腐、鸡蛋也含有丰富的营养，同肉嫩味鲜、营养丰富的牡蛎一起制作成汤，所含的营养更加全面。

绿豆鸭汤

材料

鸭肉 250 克，绿豆、红豆各 20 克，盐、香菜各适量

做法

1. 将鸭肉洗净，切块；绿豆、红豆淘洗干净；香菜洗净，备用。
2. 净锅上火，倒入水，调入盐，下入鸭肉、绿豆、红豆煲至熟，撒上香菜即可。

专家点评

　　绿豆富含淀粉、脂肪、蛋白质、多种维生素及锌、钙等矿物质，有清热解毒、消暑止渴、利水消肿的功效，是宝宝补锌的食疗佳品。鸭肉含有丰富的蛋白质、脂肪、维生素 B_1、维生素 B_2、碳水化合物、铁、钙、磷、钠、钾等成分，能补充宝宝身体所需的多种营养。

板栗排骨汤

材料

板栗 100 克，排骨 200 克，胡萝卜半根，盐适量

做法

❶ 板栗洗净，入锅煮 5 分钟，捞起剥壳去膜；排骨斩块汆烫，捞起，洗净；胡萝卜洗净削皮，切块。

❷ 以上材料入锅，加水盖过材料，大火煮开，转小火煮半个小时，加盐调味即可。

专家点评

　　这道菜富含蛋白质、脂肪、碳水化合物、钙、磷、铁、锌及维生素 B_1、维生素 B_2、维生素 C、叶酸等多种人体所需的营养成分。板栗具有养胃健脾、补肾强筋等作用，与具有补血益气、强筋健骨的排骨，以及具有补肝明目、润肠通便功效的胡萝卜搭配，补而不腻。

薏米猪肠汤

材料

薏米 20 克，猪小肠 120 克，金樱子、山茱萸各 10 克，盐、葱花、枸杞子各适量

做法

❶ 薏米洗净，用热水泡 1 个小时；猪小肠洗净，放入开水中汆烫至熟，切小段；枸杞子洗净。

❷ 将金樱子、山茱萸装入纱布袋中，扎紧，与猪小肠、薏米、枸杞子一起放入锅中，加水煮沸，转中火续煮 2 个小时。

❸ 煮至熟烂后，将药袋捞出，加入少许盐调味，撒上葱花即可。

专家点评

　　本汤具有补肾健脾、缩尿止遗的功效，适合遗尿的宝宝食用。

芹菜肉丝

材料

猪肉、芹菜各 200 克，红甜椒 15 克，盐、食用油各适量

做法

❶ 猪肉洗净，切丝；芹菜洗净，切段；红甜椒去蒂洗净，切圈。

❷ 锅置火上，倒入食用油烧热，放入猪肉丝略炒，放芹菜，加盐调味，炒熟装盘，用红甜椒装饰即可。

专家点评

芹菜是经常食用蔬菜之一，含有丰富的铁、锌等微量元素，有平肝降压、安神镇静、防癌抗癌、利尿消肿、增进食欲的作用。多吃芹菜还可以增强人体的抵抗力。猪肉含有丰富的优质蛋白质和人体必需的脂肪酸，并能提供血红素（有机铁）和促进铁吸收的半胱氨酸，可以改善缺铁性贫血，具有补肾养血、滋阴润燥的功效。

西红柿炒茭白

材料

茭白500克，西红柿100克，盐、白糖、水淀粉、食用油、香菜末各适量

做法

❶ 茭白洗净拍松，切块；西红柿洗净，切块。

❷ 锅中加油烧热，下茭白，炸至外层稍收缩、色呈浅黄色时捞出。

❸ 锅内留油，倒入西红柿、茭白、水、盐、白糖焖烧至汤较少时，用水淀粉勾芡，撒上香菜末即可。

鸽子银耳胡萝卜汤

材料

鸽子1只，水发银耳20克，胡萝卜20克，盐、葱花各适量

做法

❶ 鸽子处理干净，剁块，氽水；水发银耳洗净，撕成小朵；胡萝卜去皮，洗净，切块备用。

❷ 锅置火上，倒入适量水，下入鸽子、胡萝卜、水发银耳、葱花，加盐煲至熟即可。

鸡腿菇烧排骨

材料

排骨250克，鸡腿菇100克，料酒、酱油、盐、葱段、姜丝各适量

做法

❶ 排骨洗净斩段，用料酒、酱油稍腌；鸡腿菇清洗干净，对切。

❷ 排骨入砂锅，加水、葱、姜、盐煲至熟，捞出装盘。

❸ 保留砂锅中的汁水，下鸡腿菇略煮，盛出倒入装有排骨的碗中即可。

蒜蓉茼蒿

材料

茼蒿 400 克，大蒜 20 克，盐、食用油各适量

做法

1. 大蒜去皮，洗净，剁成细末；茼蒿去掉黄叶，洗净。
2. 锅中加入适量清水煮沸，放入茼蒿焯水，捞出。
3. 锅中加油烧热，炒香蒜蓉，下入茼蒿、盐，翻炒均匀即可。

山药韭菜煎牡蛎

材料

山药 100 克，韭菜 150 克，牡蛎 300 克，枸杞子 5 克，红薯粉 15 克，盐、食用油各适量

做法

1. 牡蛎洗净沥干；山药洗净去皮，磨成泥；韭菜洗净切末；枸杞子洗净泡软，沥干。
2. 将红薯粉加适量水拌匀，加入牡蛎和山药泥、韭菜末、枸杞子，并加盐调味。
3. 热锅入油，倒入拌好的牡蛎等材料，煎熟即可。

蒜香扁豆

材料

扁豆 350 克，蒜泥 50 克，盐、红椒丝、食用油各适量

做法

1. 扁豆清洗干净，去掉筋，整条截一刀，入沸水中稍焯。
2. 锅内加入少许油烧热，下入蒜泥煸香，加入扁豆同炒。
3. 待扁豆煸炒至软，放入盐炒至熟，撒上红椒丝即可。

桂圆莲子汤

材料

莲子 50 克，桂圆肉 20 克，枸杞子 10 克，白糖适量

做法

1. 将莲子洗净，泡发；枸杞子、桂圆肉均洗净备用。
2. 锅置火上，注入清水，放入莲子煮沸后，下入枸杞子、桂圆肉，煮熟后放入白糖调味即可。

专家点评

这道汤甜香软糯，有健脾、安神、养血的功效。莲子中的钙、磷和钾含量非常丰富，可以促进宝宝骨骼和牙齿的生长。桂圆营养价值高，富含高碳水化合物、蛋白质、多种氨基酸和维生素，是健脾益智的传统食物，对贫血的宝宝尤其有益。

小米黄豆粥

材料

黄豆 10 克，小米 30 克，白糖、葱花各适量

做法

1. 将小米洗净，加水浸泡；黄豆洗净，煮熟后捞出。
2. 锅置火上，加适量水，放入小米，大火煮至水开后，加入黄豆，改小火熬煮。
3. 煮至粥烂汤稠后，加白糖即可，可根据宝宝的口味添加少许葱花。

专家点评

黄豆富含蛋白质、维生素 A、B 族维生素、钙、铁等营养素，能促进宝宝的神经发育。小米富含淀粉、钙、磷、铁、维生素 B_1、维生素 B_2 等，和黄豆一起熬煮成粥，尤其适合脾胃虚寒、呕吐、腹泻的宝宝食用。

花生核桃猪骨汤

材料

花生仁 50 克，核桃仁 20 克，猪骨 500 克，盐、葱段各适量

做法

❶ 猪骨洗净，斩件；核桃仁、花生仁分别洗净，泡发。

❷ 锅中加水煮沸，放入猪骨汆透后捞出，冲洗干净。

❸ 煲中加水煮开，下入猪骨、核桃仁、花生仁、葱段，煲 1 个小时，调入盐即可。

专家点评

核桃中的营养成分具有增强细胞活力、促进造血、增强免疫力等功效。花生所含的谷氨酸和天门冬氨酸可促进脑细胞发育。猪骨含有大量骨钙、磷酸钙、骨胶原、骨黏蛋白等，是补钙的好食材。

花生香菇煲鸡爪

材料

鸡爪 250 克，花生仁 45 克，香菇 4 朵，高汤、香菜末、盐各适量

做法

❶ 将鸡爪去甲，洗净；花生仁洗净，浸泡；香菇洗净，切片备用。

❷ 净锅上火，倒入高汤，调入盐，下入鸡爪、花生仁、香菇煲至熟，再撒上香菜末即可。

专家点评

花生具有很高的营养价值，它的蛋白质含量很高，容易被人体吸收，还有助于增强记忆力，是益智健脑的好食材。香菇能抵抗感冒病毒，还含有丰富的膳食纤维，能促进宝宝的消化，使宝宝的肠胃更加健康。

芹菜炒胡萝卜粒

材料

芹菜 250 克，胡萝卜 150 克，香油、盐、食用油各适量

做法

❶ 将芹菜洗净，切菱形块，入沸水锅中焯水；胡萝卜洗净，切成粒。

❷ 锅中放入食用油烧热，放入芹菜爆炒，再加入胡萝卜粒一起炒至熟。

❸ 加入香油、盐调味即可。

专家点评

芹菜营养丰富，含有挥发性芳香油，因而具有特殊的香味，能增进食欲。芹菜还富含膳食纤维，能促进肠道蠕动，防治宝宝便秘。同时，芹菜还含有丰富的矿物质，宝宝经常食用，能避免皮肤苍白、干燥、面色无华，而且可使目光有神、头发黑亮。

青椒拌花菜

材料

花菜 300 克，青椒 1 个，香油、白糖、白醋、盐各适量

做法

❶ 将花菜洗净，切成小块；青椒去蒂去籽，洗净后切小块。

❷ 将青椒和花菜放入沸水锅内烫熟，捞出，用凉水过凉，沥干水分，放入盘内。

❸ 加入盐、白糖、白醋、香油，拌匀即可。

专家点评

这道菜营养很丰富，花菜与青椒都是维生素 C 含量丰富的食物，是宝宝补充维生素 C 的优质来源。此外，花菜对咳嗽有较好的食疗功效，此道菜特别适合有咳嗽症状的宝宝食用。

苹果胡萝卜牛奶粥

材料

苹果、胡萝卜各 25 克，牛奶 100 毫升，大米 100 克，白糖、葱花各适量

做法

❶ 胡萝卜、苹果洗净切小块；大米洗净。

❷ 锅置火上，注入适量清水，放入大米煮至八成熟。

❸ 放入胡萝卜、苹果煮至粥将成，倒入牛奶稍煮，撒上葱花，加白糖调匀即可。

专家点评

　　胡萝卜有助于细胞增殖与生长，是机体生长的要素。苹果具有助消化、健脾胃的功效。牛奶含有丰富的优质蛋白质、脂肪、维生素 A、钙、铁等营养成分，不仅能强身健体，还有助于补钙补铁。将这三种食物与大米煮成粥，既清香美味，又能补充宝宝身体所需的多种营养。

木瓜芝麻羹

材料

木瓜 20 克，熟黑芝麻少许，大米 80 克，盐、葱各适量

做法

❶ 大米泡发洗净；木瓜去皮洗净，切小块；葱洗净，切花。

❷ 锅置火上，注入水，加入大米，煮至熟后，加入木瓜同煮。

❸ 用小火煮至羹呈浓稠状时，调入盐，撒上葱花、熟黑芝麻即可。

专家点评

　　黑芝麻含有大量的脂肪和蛋白质，还含有糖类、维生素 A、维生素 E、卵磷脂等营养成分；此外，黑芝麻因富含矿物质，如钙与镁等，有助于促进宝宝的骨骼生长，而其他营养成分则能滋润宝宝的肌肤。

花生碎骨鸡爪汤

材料

鸡爪 350 克，花生仁 100 克，猪碎骨 80 克，盐、生姜片、香油、生姜末、高汤、枸杞子、香菜段、食用油各适量

做法

❶ 鸡爪洗净去甲，氽水；花生仁、猪碎骨、枸杞子洗净。

❷ 炒锅上火，倒入食用油烧热，将生姜末炝香，下入高汤，调入盐，加入鸡爪、花生仁、猪碎骨，煲至熟，淋入香油，撒入香菜段即可。

专家点评

花生中维生素 B_2、钙、磷、铁等的含量比牛奶、肉、蛋都高，其还富含脂肪和蛋白质，有促进脑细胞发育的作用。猪碎骨中含有大量的钙质，能够促进宝宝骨骼和牙齿的发育。

老黄瓜煮泥鳅

材料

泥鳅 400 克，老黄瓜 100 克，盐、醋、酱油、香菜、食用油各适量

做法

❶ 泥鳅处理干净，切段；老黄瓜洗净，去皮，切块；香菜洗净。

❷ 锅内倒入食用油烧热，放入泥鳅翻炒至变色，注入适量水，并放入黄瓜焖煮。

❸ 煮至熟后，加入盐、醋、酱油调味，撒上香菜即可。

专家点评

泥鳅肉质细嫩，爽利滑口，营养丰富，其胆固醇少，但富含维生素 A、维生素 B_1 以及铁、磷、钙等营养素，有补中益气的功效。老黄瓜含有丰富的维生素 E，可起到排毒的作用。

上汤黄花菜

材料

黄花菜 300 克，上汤 200 毫升，胡萝卜 50 克，盐适量

做法

❶ 将黄花菜洗净，沥水；胡萝卜洗净去皮，切丝。

❷ 锅置火上，倒入上汤煮沸，下入黄花菜、胡萝卜丝稍煮，调入盐即可。

专家点评

　　黄花菜含有丰富的卵磷脂，这种物质是机体中许多细胞特别是大脑细胞的组成成分，对增强和改善大脑功能有重要作用，同时能清除动脉内的沉积物，对注意力不集中、脑动脉阻塞等症有特殊功效，故人们称之为"健脑菜"。这道菜也有较好的健脑功效，对宝宝的大脑发育十分有益。

虾仁荷兰豆

材料

虾仁100克，荷兰豆200克，鸡蛋1个，香菇、红椒条、盐、蒜末、香油、食用油各适量

做法

❶ 虾仁、荷兰豆、香菇分别洗净。

❷ 荷兰豆、香菇、红椒焯熟，加盐、蒜末、香油拌匀，摆盘。

❸ 锅中加入食用油烧热，下入虾仁炸至酥脆，盛出摆盘；鸡蛋煎成蛋皮，卷成卷，下端切成丝，摆在红椒条下方即可。

牛肝菌菜心炒肉片

材料

牛肝菌100克，猪瘦肉250克，菜心、生姜丝、盐、水淀粉、料酒、香油、食用油各适量

做法

❶ 牛肝菌、猪瘦肉洗净切片；菜心洗净，取菜梗剖开。

❷ 猪瘦肉加料酒、水淀粉，用手抓匀稍腌。

❸ 锅中放食用油烧热，煸香生姜丝，放猪瘦肉片炒熟，加入盐、牛肝菌、菜心，加入香油炒匀即可。

千层荷兰豆

材料

荷兰豆150克，红椒、盐、香油各适量

做法

❶ 荷兰豆去掉老茎洗净，剥开；红椒去蒂洗净，切丝。

❷ 锅置火上，倒入适量水，煮开后，放入荷兰豆焯熟，捞出沥水，加盐、香油拌匀后摆盘，用红椒丝点缀即可。

笋菇菜心汤

材料

冬笋 200 克，水发香菇 50 克，菜心 150 克，盐、水淀粉、素鲜汤、食用油各适量

做法

❶ 冬笋洗净斜切成片；香菇洗净去蒂，切片；菜心洗净，稍焯，捞出。

❷ 锅上火，加油烧热，将冬笋和菜心过油。

❸ 净锅加素鲜汤煮沸，放入冬笋片、香菇片，数分钟后放入菜心、盐稍煮，以水淀粉勾芡即可。

丝瓜金银花饮

材料

丝瓜 200 克，金银花 15 克，盐适量

做法

❶ 将鲜嫩丝瓜去皮，清洗干净，切成块；金银花清洗干净，与切好的丝瓜一起装入炖盅内。

❷ 炖盅内加入适量清水，调入盐，放入锅中蒸熟即可。

霸王花猪肺汤

材料

霸王花 20 克，猪肺 100 克，红枣 3 颗，猪瘦肉 150 克，南杏仁、北杏仁各 10 克，盐、生姜片、食用油各适量

做法

❶ 霸王花、红枣洗净浸泡；猪肺洗净切片；猪瘦肉洗净切块；南杏仁、北杏仁洗净。

❷ 热油锅，放入生姜片、猪肺炒 5 分钟左右。

❸ 加清水煮沸，再加入所有材料（盐除外），用小火煲 3 个小时，加盐调味即可。

红白豆腐

材料

豆腐、猪血各 150 克，葱花 20 克，生姜片 5 克，红甜椒 1 个，盐、食用油各适量

做法

❶ 豆腐、猪血洗净切块；红甜椒洗净切片。

❷ 锅中加水煮开，下入猪血、豆腐，氽水后捞出。

❸ 净锅放入食用油烧热，下入葱、姜、红甜椒片爆香，再下入猪血、豆腐稍炒，加入适量清水焖熟后，加盐调味即可。

黄豆猪大骨汤

材料

猪大骨 200 克，黄豆 50 克，盐适量

做法

❶ 黄豆洗净，用水浸泡 4 个小时；猪大骨洗净，斩成小块，用开水氽烫，撇去浮沫。

❷ 在煲中加适量清水，将猪大骨同黄豆放入煲中，大火煮开后转小火继续煲。

❸ 待黄豆和肉熟烂时，加少许盐调味即可。

鲇鱼炖茄子

材料

鲇鱼 400 克，茄子 350 克，盐、生抽、清鸡汤、葱段、葱花、生姜片、蒜片、食用油各适量

做法

❶ 鲇鱼处理干净，氽烫，取出切段；茄子洗净去皮，切成块，用少许油炒软，盛出。

❷ 油锅烧热，放入葱段、生姜片、蒜片炒香，加清鸡汤煮开，加鲇鱼、茄子、生抽、盐，用小火炖至熟，撒上葱花即可。

素炒茼蒿

材料

茼蒿 500 克，蒜蓉 10 克，盐、食用油各适量

做法

① 将茼蒿去掉黄叶，清洗干净，切成小段，备用。

② 油锅烧热，放入蒜蓉爆香，倒入茼蒿快速翻炒至熟。

③ 最后调入盐即可。

什锦芦笋

材料

无花果、百合各 100 克，芦笋、冬瓜各 200 克，香油、食用油、盐、红椒片各适量

做法

① 芦笋洗净切斜段，焯熟，捞出沥水备用。

② 百合洗净掰片；冬瓜洗净切片；无花果洗净，备用。

③ 锅中放入食用油烧热，放入芦笋、冬瓜煸炒，下入百合、无花果、红椒片炒片刻，下入盐，淋入香油即可。

煎酿香菇

材料

香菇 200 克，猪肉末 300 克，盐、葱、蚝油、老抽、食用油、高汤各适量

做法

① 香菇洗净，去蒂托；葱洗净，切末；猪肉末放入碗中，调入盐、葱末拌匀。

② 将拌匀的猪肉末酿入香菇中。

③ 平底锅中加入食用油烧热，放入香菇煎至八成熟，调入蚝油、老抽和高汤，煮至入味即可。

风味鱼丸

材料

青鱼1尾,豌豆100克,鸡蛋2个,蒜50克,盐、面粉、香油、红甜椒、黄甜椒、食用油各适量

做法

① 青鱼处理干净,将鱼肉剁成末。

② 豌豆洗净切段;红甜椒、黄甜椒洗净切块;蒜去皮;鸡蛋打碎取蛋清。

③ 将蛋清与面粉混合,加水调成糊状;鱼肉末放盐拌匀,挤成丸子后均匀裹上面糊。

④ 锅中放入食用油烧热,下入鱼丸炸至金黄,倒入豌豆、蒜、红甜椒、黄甜椒炒至熟,加盐、香油调味即可。

专家点评

　　用青鱼肉、蛋清、红甜椒、黄甜椒以及豌豆混合制作的菜肴,很容易引起宝宝的食欲。

荷兰豆炒鱿鱼

材料

鱿鱼80克,荷兰豆150克,盐、生抽、食用油各适量

做法

① 鱿鱼处理干净,切成薄片,汆水;荷兰豆撕去豆荚,切去头、尾,洗净。

② 油锅烧至六成热,放鱿鱼炒至八成熟。

③ 下荷兰豆煸炒,加盐、生抽调味即可。

专家点评

　　鱿鱼中含有丰富的钙、磷、铁元素,对骨骼发育和造血十分有益,可预防贫血;此外,鱿鱼还可降低血液中的胆固醇含量,缓解疲劳,恢复视力,改善肝脏功能,帮助人体排毒。鱿鱼含有的多肽和硒等微量元素还有抗病毒的作用,能增强宝宝的免疫功能。

富贵墨鱼片

材料

墨鱼片 150 克，西蓝花 250 克，生姜片、胡萝卜片、西红柿块、盐、香油、食用油各适量

做法

❶ 将墨鱼片洗净，改刀；西红柿块摆盘底。

❷ 净锅上火，放适量水煮开，下入西蓝花、胡萝卜片汆熟，取出排在盘中。

❸ 墨鱼片入热油锅炒熟，加盐调味，淋入香油拌匀，再与生姜片一起摆放在西蓝花上即可。

专家点评

墨鱼鲜脆爽口，含有丰富的蛋白质、脂肪、维生素、铁、磷等营养成分，是高蛋白、低脂肪的滋补食物。西蓝花含有蛋白质、碳水化合物、维生素、胡萝卜素以及宝宝身体发育十分需要的叶酸，能补充多种营养。

游龙四宝

材料

鱿鱼、虾仁、香菇、干贝各 100 克，上海青 50 克，盐、料酒、香油、食用油各适量

做法

❶ 鱿鱼洗净切花；虾仁洗净；香菇洗净切片；干贝洗净泡发；上海青洗净焯水后，捞出装盘。

❷ 锅中放入食用油烧热，放入鱿鱼、虾仁、干贝、香菇，烹入料酒，炒至将熟时放入盐、香油，入味后盛入盘中即可。

专家点评

这道菜营养十分丰富，含有蛋白质、氨基酸、钙、铁、锌等营养成分，不仅有利于骨骼发育和造血，预防缺铁性贫血，还有保肝护肾、强身健体的功效。常食鱿鱼对宝宝的大脑和神经发育也有很大的益处。

酱香鳙鱼

材料

鳙鱼1尾，盐、酱油、水淀粉、白糖、生姜末、蒜末、料酒、食用油各适量

做法

1 鳙鱼处理干净，将鱼头切两半，鱼肉切条，煎至半熟。

2 油锅上火，爆香姜末、蒜末，加酱油、白糖、料酒、盐、水煮开，加鱼头、鱼尾和鱼肉，中火焖烧10分钟，捞出装盘。

3 锅内汤汁加水淀粉勾芡，淋在鱼上即可。

莲子鹌鹑煲

材料

鹌鹑400克，莲子100克，上海青30克，盐、高汤、香油、枸杞子各适量

做法

1 将鹌鹑处理干净，斩块，汆水；莲子洗净；上海青洗净，撕成小片备用。

2 炒锅上火，倒入高汤，下入鹌鹑、莲子、枸杞子，调入盐，小火煲至熟时，下入上海青，淋入香油即可。

木瓜炒墨鱼片

材料

墨鱼300克，木瓜150克，芦笋、莴笋、盐、食用油各适量

做法

1 墨鱼处理干净，切片，汆水后捞出，沥干；木瓜去皮洗净，切块；芦笋洗净，切段；莴笋洗净，去皮，切块备用。

2 油锅烧热，放墨鱼炒匀，再加木瓜、芦笋、莴笋翻炒，再加入盐，炒匀即可。

甜南瓜饭

材料

软饭 50 克, 甜南瓜 20 克, 胡萝卜 5 克, 白萝卜、南瓜籽各 15 克, 香油、芝麻盐各少许

做法

❶ 南瓜洗净去皮、去籽, 切小丁; 白萝卜、胡萝卜洗净去皮切丁; 南瓜籽洗净捣碎。

❷ 平底锅里放香油烧热, 加入南瓜、白萝卜、胡萝卜和芝麻盐煸炒至熟。

❸ 在软饭里加入炒好的菜, 再加水熬煮, 最后放南瓜籽煮熟即可。

红薯薏米饭

材料

泡好的大米、红薯各 30 克, 胡萝卜、松子仁各 10 克, 薏米 5 克, 高汤、食用油各适量

做法

❶ 红薯洗净去皮切丁; 薏米洗净磨碎; 胡萝卜洗净切碎; 松子仁洗净。

❷ 将红薯、大米、薏米、松子仁加水煮成饭; 油锅烧热, 下入胡萝卜煸炒至熟。

❸ 将炒好的胡萝卜放入饭中, 入高汤, 小火熬煮, 待汤汁全被米饭吸收即可。

红薯核桃饭

材料

大米、红薯各 20 克, 胡萝卜 10 克, 核桃粉 5 克, 香油少许, 海带汤 100 毫升

做法

❶ 红薯、胡萝卜去皮洗净, 切成小丁; 大米洗净, 加水浸泡。

❷ 将泡好的大米放入锅中, 加适量水, 放入红薯、胡萝卜煮成饭。

❸ 在做好的饭里倒入海带汤、核桃粉加热, 最后淋上香油即可。

芝麻花生拌菠菜

材料

菠菜 400 克，花生仁 150 克，白芝麻 50 克，醋、香油、盐、食用油各适量

做法

❶ 菠菜洗净切段，焯水，捞出装盘；花生仁洗净沥水，入油锅炸熟；白芝麻炒香。

❷ 将菠菜、花生仁、白芝麻搅拌均匀，再加入香油、醋和盐，拌匀即可。

专家点评

　　菠菜含有大量的植物粗纤维，有润肠排便的作用，能预防宝宝便秘；菠菜还含有丰富的胡萝卜素、维生素 E、微量元素等，有促进人体新陈代谢、调节血糖的作用。花生含有丰富的卵磷脂，它是人体细胞不可缺少的物质，能滋润皮肤、增强记忆力、促进血液循环及肠胃蠕动，能有效预防并改善便秘。

上汤菠菜

材料

菠菜 500 克，咸蛋 1 个，皮蛋 1 个，三花淡奶 50 毫升，鸡蛋清、盐、蒜粒各适量

做法

❶ 菠菜洗净，入盐水中焯水，装盘；咸蛋、皮蛋去壳，各切成丁状。

❷ 锅中放水、咸蛋、皮蛋、蒜煮开，再加三花淡奶煮沸，下鸡蛋清煮匀即成上汤。

❸ 将上汤倒于菠菜上即可。

专家点评

　　菠菜茎叶柔软滑嫩、味美色鲜，能促进宝宝的食欲。菠菜中含有大量的抗氧化剂、维生素 E 以及硒元素，能促进人体细胞增殖，还能激活大脑的功能。另外，菠菜中还含有丰富的维生素 C、胡萝卜素、蛋白质，以及铁、钙、磷等矿物质，可帮助宝宝预防缺铁性贫血。

金针菇香菜鱼片汤

材料

金针菇 30 克，鱼肉 100 克，香菜 20 克，盐适量

做法

❶ 香菜洗净，切段；金针菇用水浸泡，洗净，切段；鱼肉洗净，切成片备用。

❷ 锅中加水、放入金针菇煮开后，再入鱼片煮 5 分钟，最后加香菜、盐调味即成。

专家点评

　　金针菇具有抵抗疲劳、抗菌消炎的功效，经常食用可以增强机体的生物活性，促进新陈代谢，还有利于吸收和利用食物中的各种营养素，对生长发育大有益处，因此非常适合宝宝食用。

椰子银耳鸡汤

材料

椰子 1 个，鸡 1 只，银耳 40 克，生姜 1 片，蜜枣 4 颗，杏仁 10 克，盐适量

做法

❶ 鸡处理干净剁块；椰子去壳取肉；银耳洗净浸透，去硬梗；蜜枣、杏仁分别洗净。

❷ 锅中加入适量水，加入上述材料，待煮开后转小火煲约 2 个小时，放盐调味即可。

专家点评

　　这道汤可以滋补血气、润肺养颜。银耳富含维生素 D，能防止人体钙的流失，对宝宝的生长发育十分有益。银耳含有的膳食纤维可帮助胃肠蠕动，减少脂肪吸收，对营养过剩、患有肥胖症的宝宝尤其适宜。将银耳与有补益脾胃作用的椰子，以及能补精填髓、益五脏、补虚损的鸡肉共同煲汤，滋补效果更佳。

枣蒜烧鲇鱼

材料

鲇鱼 500 克，红枣、蒜各 60 克，盐、食用油、酱油、料酒、醋、白糖、高汤各适量

做法

1. 红枣洗净；蒜去皮洗净；鲇鱼肉切开但不切断，用盐、料酒腌制 5 分钟。
2. 食用油入锅烧热，放鲇鱼稍煎，入高汤。
3. 放入蒜、红枣，加盐、酱油、醋、白糖焖熟即可。

专家点评

　　鲇鱼能够为宝宝的大脑神经系统发育提供丰富的营养，具有强健筋骨、滋补气血的功效。红枣营养丰富，既含有蛋白质、脂肪、有机酸、黏液质和钙、磷、铁等，又含有多种维生素，有补中益气、养血安神的功效。二者同食，有强身健脑、促进生长发育的功效。

酥香泥鳅

材料

泥鳅 350 克，盐、料酒、大葱、食用油、红椒片各适量

做法

1. 泥鳅洗净切段；大葱洗净切段。
2. 油锅烧热，放入大葱炒香，捞出葱，留葱油，下泥鳅煎至变色后捞出。
3. 原锅调入料酒，再放入泥鳅回锅，加盐煮至收汁，撒上红椒片即可。

专家点评

　　这道菜营养丰富，有暖中益气之功效，对腹水、气虚等症均有良好的食疗功效。泥鳅富含多种维生素及钙、磷、铁、锌等营养素，有利于宝宝强身补血。泥鳅体内还含有丰富的核苷，它是各种疫苗的主要成分，能提高身体的抵抗力。

口蘑山鸡汤

材料

口蘑 200 克，山鸡 400 克，红枣 30 克，莲子 50 克，枸杞子 30 克，盐适量

做法

❶ 将口蘑清洗干净，切块；山鸡清洗干净，剁块；红枣、莲子、枸杞子洗净泡发。

❷ 将山鸡入沸水中氽透后捞出，入冷水中清洗干净。

❸ 煲中加水煮开，下入山鸡块、口蘑、红枣、莲子、枸杞子一同煲 90 分钟，调入盐即可。

专家点评

这道汤口味鲜美，有滋补强身、增进食欲、防治便秘的效果，很适合宝宝食用。

芹菜虱目鱼肚汤

材料

虱目鱼肚 1 片，芹菜 100 克，盐 1 克，淀粉适量

做法

❶ 将虱目鱼肚洗净，切成块，加盐、淀粉腌制 20 分钟，备用。

❷ 芹菜洗净切段。

❸ 锅置火上，倒入清水，放入虱目鱼肚，大火煮沸后转小火续煮，熬至味出时，加入适量芹菜即可。

专家点评

本汤具有益气健脾、祛湿止涎的功效，适合脾虚湿盛型流涎的宝宝食用。

清炖鲤鱼

材料

鲤鱼 450 克，盐、葱段、生姜片、醋、香菜末、食用油各适量

做法

❶ 将鲤鱼处理干净。

❷ 净锅上火，倒入食用油烧热，将葱、姜爆香，调入盐、醋、水煮沸，下入鲤鱼煲至熟，撒上香菜即可。

枸杞山药牛肉汤

材料

山药 200 克，牛肉 125 克，枸杞子 5 克，香菜末、盐各适量

做法

❶ 将山药去皮，洗净切块；牛肉洗净，切块汆水；枸杞子洗净备用。

❷ 净锅上火，倒入水，调入盐，下入山药、牛肉、枸杞子煲至熟，撒入香菜末即可。

五爪龙鲈鱼汤

材料

鲈鱼 400 克，五爪龙 100 克，盐、食用油、香菜、枸杞子各适量

做法

❶ 将鲈鱼处理干净，备用；五爪龙清洗干净，切碎。

❷ 炒锅上火，倒入油烧热，下入鲈鱼、五爪龙煸炒 2 分钟，加入水、枸杞子，煲至汤呈白色，调入盐，撒上香菜即可。